固定源主要大气污染物许可排放限值核定理论与方法

蒋春来　宋晓晖 等　著

中国环境出版集团・北京

图书在版编目（CIP）数据

固定源主要大气污染物许可排放限值核定理论与方法/蒋春来等著. —北京：中国环境出版集团，2018.11
ISBN 978-7-5111-3829-3

Ⅰ. ①固… Ⅱ. ①蒋… Ⅲ. ①固定污染源—有害气体—允许排放量—统计核算 Ⅳ. ①X511

中国版本图书馆 CIP 数据核字（2018）第 209618 号

出 版 人 武德凯
责任编辑 葛 莉
责任校对 任 丽
封面设计 宋 瑞

出版发行 中国环境出版集团
（100062 北京市东城区广渠门内大街 16 号）
网 址：http://www.cesp.com.cn
电子邮箱：bjgl@cesp.com.cn
联系电话：010-67112765（编辑管理部）
发行热线：010-67125803，010-67113405（传真）
印 刷 北京中科印刷有限公司
经 销 各地新华书店
版 次 2018 年 11 月第 1 版
印 次 2018 年 11 月第 1 次印刷
开 本 787×960 1/16
印 张 11.5
字 数 200 千字
定 价 48.00 元

前　言

排污许可制是环境许可中一项规范企业排污行为的核心工具，它是根据生态环境相关法律法规对企业的排放行为和监督管理作出规定，通过许可证法律文书加以载明的制度。建立排污许可制度是实现面向环境质量的环境管理转型、建立规范严格的企业环境执法体系的基础和关键。自20世纪70年代以来，排污许可制作为发达国家的一项固定污染源环境管理制度，逐渐在国际社会被广泛应用，成为一种切实可行地减少污染物排放的有效措施。自20世纪80年代中期，我国各地开始探索排污许可管理试点。2015年1月1日起实施的新修订的《中华人民共和国环境保护法》明确提出“国家依照法律规定实行排污许可管理制度；实行排污许可管理的企业事业单位和其他生产经营者应当按照排污许可证的要求排放污染物；未取得排污许可证的，不得排放污染物”。2016年11月10日，国务院办公厅印发的《控制污染物排放许可制实施方案》（国办发〔2016〕81号）正式将排污许可制作为我国的一项基础性环境管理制度明确下来，并提出到2020年，完成覆盖所有固定污染源的排污许可证核发工作。

许可排放限值是排污许可管理中规范企业排污行为的核心要素。当前我国处于排污许可制度建立的初期阶段，许可排放限值的确定主要依据国家或地方的污染物排放标准，统筹考虑环境影响评价、总量控制要求等，这在一定程度上忽略了许可排放量应当体现环境质量改善目标的作用和功能。下一步我国将面向环境质量改善需求，全面升级排污许可制度体系，以改善各地区环境质量为出发点，实施精细化的许可排放量管理。为构建更加科学、精准、高效的排污许可管理体系，进一步加强固定污染源管理与改善环境质量之间的紧密性，生态环境部环境规划院结合国家环境管理最新要求和最新研究成果，编制了《大气固定源许可排放限值核定理论与方法》。本书深入分析了环境质量、最佳可行技术与企业许可排放限值之间的逻辑关系，建立了相关联的技术方法，研究提出以改善区域环境质量为核心，综合考虑行业污染防治技术、排放现状以及减排潜力等因素，分区分类确定企事业单位许可排放量限值的技术方法，以期为我国建立科学、规范的排污许可制度提供技术支撑。

本书第 1 章由黄津颖、董远舟执笔，第 2 章由董远舟执笔，第 3 章由宋晓晖执笔，第 4 章由蒋春来、宋晓晖执笔，第 5 章由王彦超、蒋春来执笔，第 6 章由钟悦之、董远舟执笔。全书由蒋春来、宋晓晖统稿并定稿。

本书得到国家重点研发计划大气污染成因与控制技术研究专项（2016YFC0208400）资助。尽管在课题研究过程中秉承扎实、可靠、科学和高度负责的态度，力求从科学性、前瞻性和实用性等方面进行把握，在整理编撰书稿的过程中也力求认真仔细，在编辑的帮助下反复修改多次，但是书中仍存在不足之处，恳请读者批评指正！

著　者

2018 年 8 月于北京

目　录

第1章 许可排放量限值核定技术方法研究及应用综述

科学核定许可排放量是实施排污许可制度的基础和关键，也是落实企事业单位总量控制目标的载体，从这个角度来说，许可排放量的核定过程就是总量指标分配的过程。因此，笔者针对许可排放量核定方法的研究也参考了总量分配技术方法的研究进展。此外，在企业许可排放量核定与分配的过程中还会涉及成本效益分析以及控制策略优化工具等技术方法。综上，梳理分析了国内外区域总量控制目标的确定方法、企业总量指标分配方法、成本效益分析评估方法以及控制策略优化方法研究进展和应用情况。

1.1 区域总量控制目标的确定方法

1.1.1 基于减排潜力的总量控制目标确定方法

基于减排潜力确定总量控制目标是我国实施总量控制制度采用的主要技术方法。国内外学者在区域污染物排放总量控制目标的确定方法方面开展了深入研究，多数研究以区域内典型行业的污染物排放标准为基础测算行业减排潜力，分析区域减排空间，建立区域总量目标确定方法；此外，以技术经济可达性为出发点、基于减排潜力确定总量控制目标的方法在我国总量控制实践中得到了很好的应用。我国在“十一五”期间和“十二五”期间主要采用目标总量控制模式，综合考虑了各地环境、经济等的客观差异性，包括地区环境质量状况、污染物排放强度等环境因素，地区经济发展需求、产业结构特征、资源能源消费布局等经济因素，通过测算分析分行业减排潜力，确定总量控制目标。尤其是“十二五”期间，通过印发《“十二五”主要污染物总量控制规划编制指南》（以下简称《指南》），提出了“十二五”时期主要大气污染物总量减排的总体思路、减排要求、减排技术路线及总量目标测算方法，各地区结合本地区的环境质量状况、经济社会发展情况及减排潜力，根据《指南》要求编制总量控制规划，测算总量控制目标，提交减排项目清单。在此基础上，国家统筹考虑宏观经济政策、节能减排重大战略、产业布局和结构调整要求，确定国家总量控制目标。基于减排潜力测算区域总量控制目标的优势在于相对简单易行，且通过分析各行业减排潜力，为下一步确定分行业总量控制目标提供了很好的基础；但是这种方法的不足也很明显，即难以真正体现环境质量改善需求，无法从根本上解决污染物的排放给有限的环境容量带来的危害。事实上，我国大气环境污染问题异常严重，绝大部分地区污染排放总量已远远超过环境容量，仅仅通过采取相对简单、粗放的目标总量控制模式远远不能达到改善环境质量的目的。

1.1.2 基于空气质量达标的总量控制目标确定方法

基于环境质量达标的总量控制目标核定方法是指为满足空气质量标准，确定一定时段内某区域的污染物排放总量控制目标，即在一定的气象条件及一定的排放源条件下，某一特定区域在满足该区域大气环境目标的前提下，单位时间内所能允许的各类污染源向大气中排放的某种污染物的总量[1]。目前，最常用的方法是通过空气质量模型对控制方案进行模拟和预测，最终选取可以达到空气质量标准的方案。空气质量模型是基于大气动力学理论，结合污染物的排放数据、气象数据，以及粒子化学、污染物传输、光化学反应等数据，用公式建立污染物在大气中的扩散、传输、反应及消除等物理化学过程的数学模型，最终预测大气污染物在模拟区域的时空分布，并评估空气质量是否可以达到国家二级标准[2]。借助数值模拟方法对大气污染物的复杂物理化学耦合过程进行模拟与解析，利用建立的空气质量模型实时预测大气污染物排放变化，可以有效评估空气质量改善情况。所以空气质量模型已成为目前大气污染防治控制的主要工具之一[1, 3, 4]。

从 20 世纪 60 年代开始，国内外学者不断完善空气质量模型，到目前为止，模型总体上经历了三代的发展与完善。第一代空气质量模型主要包括拉格朗日轨迹模型、箱式模型和高斯模型，如 ISC、AERMOD、CALPUFF 和 EKMA 等[5]。

这些模型采用简单的化学机制来模拟大气中复杂的物化过程，适用于小尺度、稳态污染物的简单模拟。而近年来随着大气污染问题日渐复杂，如光化学烟雾和细颗粒物等区域性复合污染的出现，使得第一代空气质量模型的使用受到了一定的限制。但由于这类模型求解运算速度快，对长期稳态大气污染物的浓度模拟效果较好，仍然被广泛地应用于对惰性污染物空气质量模拟。第二代空气质量模型以光化学污染模型、区域酸沉降模型和区域光化学模型为主，如 RADM、ROM、AERMOD 和 UAM 等[6]。以欧拉模型为主的第二代模型引入了区域网格化结构、气象模式和非线性化学反应机理，可以模拟网格与周边单元格之间的大气形势的影响，但是只能模拟单一污染问题，对污染物之间的二次反应及相互作用模拟效果并不理想。第三代空气质量模型中区域多尺度空气质量模型（community multi-scale air quality model，CMAQ）应用最为广泛且最为完善[6, 7]，基于“一个大气”概念，增加了气象要素与化学物之间的耦合作用，实现了大气中多种复杂污染物之间的化学反应模拟，对大气污染物物理化学过程模拟得更加全面，能够解决多尺度上的多种污染问题，是预测大气污染物浓度的有效工具，还可以帮助决策者制定大气污染控制策略和预测空气质量等。

在国际上，CMAQ 模型多应用于大气环境相关工作中，Tesche 等[8]运用 CMAx 和 CMAQ 两种模型对 2002 年美国东部多种气相和细颗粒物进行模拟和评估，进一步提出相应的控制建议。Syrakov 等[9]利用气象研究与预报模型（weather research and forecasting，WRF）和 CMAQ 模型对 2010 年欧洲地区不同类型地面站以及 4 个城市的二氧化氮、臭氧和颗粒物进行了模型评估，评估结果显示，模型对臭氧的预测浓度偏高、对其他污染物的预测浓度偏低。Nguyen 等[10]采用 WRF-CMAQ 模型评估东南亚地区 4 个国家的气溶胶对气象和空气质量的直接影响，结果表明，在气象不利条件下，气溶胶导致 $PM_{2.5}$ 浓度增加；臭氧浓度的增加或减少取决于大气动力学的响应以及光解速率。在国内，王书肖等[11]基于 MM5-CMAQ 模型对 2010 年北京市各行业煤炭燃烧对空气质量的影响进行了研究，并模拟了控制策略对空气质量改善的效果，研究表明采暖锅炉在冬季对空气质量影响最大。Xing 等[12]利用 CMAQ-RSM 模型，基于 2010 年假设 4 种排放情景预测了 2020 年中国大气污染控制效果。结果表明，在夏季必须加强对 NO_x 的排放控制，以同时获得臭氧和 $PM_{2.5}$ 的降低效果。还应考虑采取 NH_3 排放控制措施，以减少将来硝酸盐浓度和总氮沉积。夏京等[13]结合 CMAQ 模型对江苏省的主要大气污染物 $PM_{2.5}$、O_3、NO_2 进行了模拟分析，对比 2017—2018 年污染物浓度差异，分析量化气象条件和人类活动变化对大气污染的影响及贡献。

综上所述，CMAQ 由于其强大的模拟预测功能已在国内外大气环境科学领域得到了广泛的发展与应用，其完整的体系能够科学合理地解析大气污染物与污染源排放之间的非线性关系，对未来的大气污染物浓度进行预测，并对空气质量进行评价，有利于决策者制定有效的控制策略。为进一步实现实时响应不同控制情景下的污染物排放情况，应用在空气质量模型领域的快速响应曲面模型应运而生，目前应用最为广泛的是基于响应曲面模型的 RSM 模型[14, 15]。RSM 模型建立了污染物排放与浓度之间的响应关系，已被应用于研究大气污染物控制、解析污染物来源和制定排放控制策略等[16-20]。此外，美国国家环保局（united states environmental protection agency，USEPA）基于空气质量模型进一步开发了空气质量达标评估模型（software for model attainment test-community edition，SMAT-CE）[21-22]，该模型结合基准年的监测数据，利用模型未来年预测浓度与基准年模拟浓度的比值作为相对削减因子（relative response factor，RRF），对空气质量模型模拟的情景进行进一步数据融合，更加准确地预测未来年污染物浓度空间分布情况，评估控制策略实施后空气质量是否达标，并已成功应用于美国空气质量达标研究。

1.2 企业总量指标分配方法

1.2.1 基于经济指标分配法

基于经济指标分配法，是从经济最优化的角度出发，对污染物排放量进行分配，通过引入税收、产值等经济指标确定分配方法的基准，计算各污染源的允许排放量的方法，如基于社会经济效益的分配法、基于产值排污系数的分配法、控制费用分担法等[23]。基于社会经济效益分配法的原则是经济发展贡献大、污染物排放量少的企业可以得到更多的允许排放量，以经济手段限制或控制企业污染的程度，在限制排放量的基础上促进区域经济的发展。比如，污染重的企业想要获得与污染轻的企业相同的分配指标，就需要提高污染重企业的税收标准，通过相对高额的税收来获得相同的排放量指标。产值排污系数是指万元产值污染物排放水平，产值排污系数能够反映企业的环境行为，利用产值排污系数对污染物排放量进行核定。这种方法间接考虑了污染企业的经济规模，适合多种类型行业间的分配，具有一定的经济刺激作用。控制费用分担法是依据对污染物控制费用的多少将污染物的排放量指标分配到各企业的方法，该方法考虑了企业治理污染的环境行为，能鼓励企业加大污染治理投资。

1.2.2　基于特定准则分配法

基于特定准则分配法，是通过确定一定基准，计算各污染源的允许排放量进行企业总量指标分配的方法，比如基于排放绩效的分配法、基于能耗绩效的分配法等。排放绩效指生产单位产品排放的污染物水平，反映了企业的环境行为[24, 25]。排放绩效法实施过程一般按照全社会平均排放绩效或较优绩效进行分配，这就能够促进排放绩效高的企业提高减排的技术水平，必要时还必须调整企业的产品结构，选择绿色生产模式，该方法得到了广泛的认可和应用。美国的“酸雨计划”即采用基于燃料或原料用量的分配方法对纳入计划的火电厂进行初始排污指标的分配[26, 27]；排放绩效法也在我国主要大气污染物排放总量控制制度和现行的排污许可制的实施中得到了广泛应用。

因此，采用排放绩效法分配许可排放量限值可以很好地反映企业的环境行为，在降低全行业单位能耗、提升技术工艺水平、优化行业环境行为等方面有很好的促进作用，且该方法具有很好的灵活性，可以通过引入修正参数，具备与其他方法进行综合应用的条件。

1.3　成本效益分析评估方法

成本效益分析通过量化环境控制策略实施的成本和对生态环境与经济社会产生的效益，为决策者制定政策提供科学依据，目前已被广泛应用于国家各政府部门的政策制定之中，在环境影响评价及政策评估中起到了非常重要的作用[28-30]。在成本效益分析的过程中涉及空气质量监测和模拟数据、污染源排放数据、控制技术的治理成本、健康损失和获得的健康效益等多方面数据[31]，计算过程非常复杂，多数国家的政府机构利用大气污染控制费效评估模型对政策进行费效评估，并根据分析得到的空气质量改善、得到的经济效益与控制情景下治理成本的比例关系来选择最优的实施方案，不仅提高了环保部门评估政策的效率，而且更科学准确地评估了政策的经济性。

目前，国际上对大气污染控制成本及效益评估模型开展了广泛的研究，以成本评估模型 GAINS、AIM/Enduse（Asia-Pacific Integrated Modeling/Enduse）及 CoST（Control Strategy Tool）等运用最为广泛。Amann 等[32]采用了 IIASA 开发的 GAINS 模型对温室效应的控制进行成本效益评估，其中提到 GAINS 模型由于个别污染物关键数据缺失，需要手动输入数据，使用不方便。Kainuma 等[33]利用日本国立环境研究所（national institute for environmental studies，NIES）开发的 AIM/Enduse 模型预测温室气体排放并评估减少排放的控制成本，认为通过碳排放补贴对 CO_2 进行减排最为经济有效，该模型多用于低碳研究，对污染物治理的成本计算应用较少，采用该模型对控制情景的减排成本进行计算时，还需要重新构建相关技术的数据库进行估算。Loughlin 等[34]利用美国国家环保局开发的 CoST 模型量化 NO_x 不同减排措施的边际减排成本曲线，该模型主要是对各种大气污染物末端治理技术的选取与成本进行计算，并不包含能源技术的成本，但其末端治理技术的数据库相当详细，实用性较高。但由于地域差距，并不能很好地适用于中国污染治理成本的计算，还需要建立适用于中国的数据库。在 ABaCAS 中，由美国国家环保局（USEPA）和清华大学联合开发的成本评估系统（international control cost estimate tool，ICET）已逐渐应用于大气污染物治理的成本计算，Loughlin 等也采用该模型对美国能源治理技术进行改善，中国也逐渐使用该模型形成适用于各地区的边际成本曲线[34-36]。对于健康效益评估多采用环境效益评估模型（Environmental Benefits Mapping and Analysis Program，BenMAP），该模型在各国得到了充分的认可与应用。BenMAP 模型基于基准死亡率、暴露人口、浓度-响应函数（C-R 函数）和价值衡量函数等数据，得到因空气质量改善获得的健康效益及货币化后的经济效益。Voorhees 等[37]利用该模型评估了 1999—2003 年美国气温上升引发的过早死亡，表明量化气候变化中气温上升对人体健康影响的重要性。Fann 等[38]基于 BenMAP 模型评估了美国石油和天然气部门排放 $PM_{2.5}$ 和 O_3

的浓度变化对人体健康的影响，$PM_{2.5}$减排获得的健康效益远高于O_3。Viana 等[39]利用BenMAP模型评估了马尔马拉海和土耳其海峡减少硫污染带来的环境和健康益处，建议特定的沿海地区远洋轮船只能消耗低硫燃料。

国内对大气污染控制策略费用和效益评估模型的研究相比于国外起步较晚，虽然近年来一些环保机构和学者对这方面的研究逐渐增多，但是大多数研究者还是借助国外先进的费效评估模型进行研究。汪俊等[40]利用 AIM/Enduse 模型，基于成本最低原则制定了 2010—2030 年长三角地区多部门多污染物的协同减排方案。Sun 等[35]采用 ICET 模型计算了中国长三角地区多污染物控制策略的成本；Zhang 等[36]利用 ICET 模型基于 56 种末端治理技术及 5 种能源再生技术估算了中国各省多种污染物的减排潜力和边际成本。Chen 等[41]结合 BenMAP-CE 工具，计算了 2014 年中国 $PM_{2.5}$污染对人体健康的影响；李嘉宾[42]基于 BenMAP-CE 模型对 2013—2015 年中国珠三角 $PM_{2.5}$减排带来的健康经济效益进行了研究；刘通浩[43]对 2010—2015 年全国电力部门在不同控制情景下氮氧化物的治理成本和减排的环境效益进行了评估，进一步对电力部门的氮氧化物控制提出建议。

综上，国内外学者越来越重视对大气环境控制策略进行费效分析，从而选取最优的控制情景，这是制定大气污染控制策略不可缺少的环节。因此，笔者提出结合 ABaCAS 中 ICET 和 BenMap-CE 工具对控制情景进行费效评估，为决策者制定大气污染政策提供科学依据，辅助决策者筛选出最优的控制策略。

1.4 基于机器学习的控制策略优化方法

机器学习是指利用计算机来学习人类的行为，模拟人类活动的过程，通过已有知识构建规律，并通过学习不断改善性能，解决涉及大量组合空间这一类问题[44]。对大数据问题的优化一直受到研究人员的广泛关注，为以较高的效率、较低的计算资源和较高的经济效益优化问题，越来越多的机器学习算法被逐渐开发用于求解各类实际问题，如粒子群算法、遗传算法和蚁群算法等。粒子群算法是生物学家通过研究鸟类生物的觅食过程进行抽象建模得到的一种算法。粒子群算法从理论意义上来看比较容易理解，容易操作，具有并行性高、鲁棒性强、收敛快、容易实现等优点，在搜索时能够保存局部和整个种群的最好信息；使用协同搜索时可以把局部信息与整体信息结合进行导向式搜索。不足之处是搜索效率低，易陷入局部极值。蚁群算法最初用于解决旅行商问题（TSP），用来寻找最优路径。自从其在著名的旅行商问题和工件排序问题上取得成效以来，已经陆续渗透到其他领域中，如图着色问题、大规模集成电路设计、通信网络中的路由问题以及负载平衡问题、车辆调度问题等。大量实验研究结果表明，蚁群算法虽然在许多领域获得成功应用，但是在优化过程中仍然存在很多问题，比如优化效率较低、容易陷入局部最优等。在这些优化算法中，遗传算法是一种模拟生物进化过程的随机搜索进化算法，由 Holland 教授于 1975 年提出[45]。与其他算法相比，它具有容易理解、过程简单、具有较好的全局搜索性能等优点[46]。

自 20 世纪 80 年代开始，国际上有越来越多的学者对遗传算法进行研究、优化与应用。1986 年 Grefenstette[47]对遗传算法的控制参数进行优化，以提高算法的优化效率；Goldberg 将遗传算法应用于（0-1）背包问题（Knapsack Problem）[48, 49]，不断对遗传算法进行深入研究和优化，于 1989 年出版了专著 *Genetic Algorithm in Search，Optimization，and Machine Learning*[50]，书中详细介绍了遗传算法的原理及其应用，为推广遗传算法的应用做出了重大贡献；Booker 等[51]将遗传算法应用于分类器系统的优化问题，并与其他机器学习技术进行比较。

到 20 世纪 90 年代，遗传算法已被广泛应用于多目标优化的问题上。1991 年 Davis 出版的 *Handbook of Genetic Algorithm* 涵盖了遗传算法在科学计算及工程技术等方面的大量实际应用案例[52]；1992 年 Koza 等[53]提出遗传编程（genetic programming，GP）的概念，将其应用于计算机程序的设计及自动生成，并成功运用于机器学习领域；1995 年 Reeves[54]运用该算法优化了流水车间排序问题。在此期间，国内也开始对遗传算法进行研究与应用，1992 年赵改善[55]基于遗传算法解决了地球物理反演的非线性最优化问题；1993 年方建安等[56]采用遗传算法优化了神经网络连接权，并构造了一个神经网络智能控制器。

进入 21 世纪以来，遗传算法开始应用于解决大气环境管理优化问题。2000 年，Loughlin 等[57]成功应用遗传算法优化了城市规模的臭氧控制策略制定问题；2005 年，Reis 等[58]基于遗传算法为给定的臭氧空气质量目标找到具有成本效益的解决方案；在国内，2009 年王芳等[59]建立了用于大气污染预报的遗传神经网络模型，并对北京市 PM_{10} 浓度进行了预报；2014 年阳其凯等[60]以 2013 年西安市的数据为基础，运用 BP 神经网络和遗传算法构建了 $PM_{2.5}$ 的发生演化模型，分析了西安市 $PM_{2.5}$ 的成因以及影响因素。经过几十年的努力，遗传算法无论是在基础理论上、算法设计上还是应用研究上，均取得了长足的发展，已经成为诸多学科共同关注的热点研究领域。

任何一种优化算法都具有各自的优缺点，并不存在绝对的最优算法。所以，应该根据算法本身的优化性能以及算法与实际问题的适应度来选择优化算法。以上提到的蚁群算法、粒子群算法以及遗传算法都是机器算法中发展较成熟、优化效果较为理想并且应用领域较为广泛的智能多目标优化算法，前两种在控制策略优化领域中应用较少，而遗传算法已被应用于臭氧控制策略优化领域中，有成熟应用案例，因此本书在研究多污染物多目标控制策略优化问题上选取遗传算法。

1.5　小结

综上分析，在区域总量控制目标的确定方法方面，基于减排潜力确定总量控制目标，可以在一定程度上考虑经济技术可行性，体现了一定的效率性，但是按此方法得到的区域总量控制目标和各行业总量控制目标都无法体现实际的大气环境质量改善需求；基于环境容量确定总量控制目标可以在一定程度上反映环境质量，但是由于方法自身的局限性使得估算结果不确定性很大，且无法进一步基于环境质量改善需求确定分配到不同种类污染源的容许排放量，这为进一步确定企事业单位总量控制指标带来了较大困难。在企事业单位总量指标分配方法方面，以排放绩效法或排放强度法为代表的基于特定准则分配方法无论在反映技术经济的可行性方面、可操作性方面还是灵活性方面都具有明显优势，它不仅能够综合考虑企业的生产工艺水平、能源利用效率、污染治理状况等，兼顾企业的生产情况和污染治理能力，能够有效促进污染排放水平较差的企业改善其环境行为，有利于企业生产技术以及污染治理水平的提高，对结构调整具有积极作用；还可以基于环境质量、社会经济等多因素进行调整，是最能够体现公平与效率的技术方法。

第 2 章 国外排污许可技术体系特征

2.1 美国

美国大气排污许可制度源于《清洁空气法》及其修订案。这是美国第一个且最有影响力的现代环保法律之一，也是世界上最全面的保护大气环境质量的法律之一。美国国家环保局根据清洁空气法要求制定和颁布相应的法规和技术导则，落实清洁空气法对大气排污许可证需要满足的各项要求。美国大气排污许可证中许可限值的核定目标是保障污染源所在地区的大气环境质量达标，许可限值核定的依据是基于技术的污染物排放绩效标准。

美国大气许可证根据许可性质的不同，分为预建设许可证（Title Ⅰ）和运营许可证（Title Ⅴ）两大类。其中预建设许可证又可分为 3 种类型：空气质量达标区域的预防空气质量显著恶化（prevention of significant deterioration，PSD）许可证，空气质量未达标区域的主要新源审查（nonattainment new source review，NNSR）许可证，以及全部区域的次要新源审查（minor source）许可证，统称为新源审查（NSR）许可证。此外，还有纳入酸雨计划等排污交易计划的许可。

2.1.1 确保空气质量达标是确定许可限值的基本出发点

空气质量的改善和达标是美国实施大气污染物排放许可的目标。排放限值要求的确定与污染源所在地区的环境质量达标情况与改善目标紧密衔接。

根据《国家环境空气质量标准》（NAAQS），美国 EPA 对空气质量不达标区域的边界进行确定。对于达标区，要求重大排放源对大气质量的影响不能超出规定的防止重大恶化增量，按照预防空气质量显著恶化（PSD）许可证实施管理。对于不达标区，按照新污染源审查许可证制度（NNSR）许可证实施管理，要求企业采用最先进的控制技术，执行最严格的排放标准。

此外，在指定不达标地区后，各州必须针对每一项超标污染物制定达标实施计划。对于每个不达标地区，每个州必须在 18～36 个月内提交州达标实施计划。计划必须表明该地区如何“尽快”地达到标准，一般臭氧 3～20 年，$PM_{2.5}$ 需要 6～15 年。根据空气质量现状与达标计划安排，州达标实施计划中要明确各超标地区尽快达到环境质量标准所采取的措施及实施计划，针对每一个污染源提出具体的排放限值、技术、运行管理以及监测等要求，并最终体现在许可证的内容里。

2.1.2　基于技术的排放标准体系是许可限值的核定依据

美国大气排污许可限值的主要核定依据是一整套系统、完善的基于技术的排放标准体系。标准体系除包括固定源排放浓度、排放量等数值标准外，还包括涉及污染源运营，尤其是环保设备运行和保养等操作要求的运行技术标准以及监测、记录和报告等规定。排放标准的制定并非整齐划一，而是针对不同固定源的技术经济水平进行考察，结合美国国家环保局公布的控制技术清单和本州的空气质量控制目标，制定具有针对性的排放标准，以体现公平性和边际成本有效的原则。

（1）预建设许可

对于预建设许可，基于技术标准的许可限值和要求主要包括有害大气污染物的技术性能标准、最佳适用控制技术（BACT）排放标准或最低排放率（LAER）排放标准、执法部门或法令规定的其他标准要求、防止洲际传输的污染物限值、防止超国家环境空气质量标准的限值要求以及州实施计划中明确的限值、技术和其他管理要求等。针对达标地区的 PSD 许可和未达标地区的 NSR 许可，对技术标准和性能要求是不同的。

PSD 许可是基于最佳适用控制技术（BACT）的排放标准进行确定的，通过进行逐一的最佳适用控制技术分析，综合考虑能源、环境和经济的影响，保障新增的许可授予后依然能够保持良好的环境质量状况。对于最佳适用控制技术分析大致可分为五步。一是确定正在审查的排污单位适用的所有控制技术，列表应尽可能全面；二是针对该污染源评估其特定的技术可行性，剔除技术上不可行的选项；三是按照控制有效性将剩余的控制技术基于每项污染物和控制单元进行排序，控制有效性包括控制效率、预期减排量、预期排放率、经济影响（成本效益）、环境影响、能源影响等；四是通过比较控制有效性、不利影响，包括其附带的环境影响，将列表中的控制技术逐一进行分析评估；五是选择 BACT。

NSR 许可的要求则比 PSD 许可更为严格。一方面，要求企业必须满足污染物最低排放率技术（LAER）标准，即现有可行控制技术中最严格的技术及最严格的排放限值；另一方面，要求企业执行排污抵消制度，即新增污染物排放量必须小于现存企业的污染物削减量，企业只有替新污染源找到“排污空间”，才能获得 NSR 许可。无论是从现行法律还是实践的角度出发，对于这一类污染源中每一个排放环节执行的都是最为严格的排放限值。LAER 标准除了表现为限值的要求外，同样也是综合技术考虑，可以指定某种系统设计、操作规程或者设备标准。

（2）运营许可

对于运营许可，基于技术标准的许可限值和要求应当综合预建设许可以及各州的管理规定等全部要求。至少包括新污染源排放标准要求、有害大气污染物国家排放标准、达标地区的 PSD 许可或未达标地区的 NSR 许可要求、州实施计划及其他规定等内容。

2.2 欧盟

1996 年欧盟第一次颁布“综合污染防控指令”，即《IPPC96/61/EC 指令》，提出在各成员国和欧盟范围内开始实施排放许可制度，通过对现有工业装置授权许可作为手段对环境实施综合管理。2011 年 1 月 6 日，该指令被“欧盟工业排放指令”（2010/75/EU）（IED）所替代，新指令修改并整合了之前颁布的多部指令，是一部工业排放管理的综合性指令，并进一步强化了排污审批和许可制度。IED 针对污染源提出环境目标、污染物排放控制水平及管理要求，为欧盟各成员国的排放许可管理提出了基本要求和基本框架，各成员国在此框架下对污染源进行排放许可管理。欧盟实施的排放许可制度以预防为主为原则，最佳可行技术为基础，目的是最大限度地减少工业活动对环境产生的影响。排放许可管理制度的内容涉及项目的前期建设、审批，项目的运行、监管，后期评估等全过程，综合考虑了大气、水、土壤三个环境要素以及废弃物处置、能源效率和事故预防，是广泛应用于欧盟各成员国的一种综合性的环境管理手段。

基于 IED 核定的企业排放许可条件是欧盟排放许可管理体系的核心，它不仅包含了许可排放限值的核定，即允许排放污染物的种类和数量，同时涵盖了针对污染源的全部环境管理要求。适用范围包括能源行业、金属生产和加工、非金属生产和加工、化学工业、废物的处置和处理及其他工业活动等，内容涉及项目的前期建设、审批，项目的运行、监管和后期评估等全过程。规定的大气污染物指标为 SO_2 及其他硫化合物、NO_x 及其他氮化合物、CO、VOCs、粉尘、重金属及其化合物、氯、氟、砷等。

2.2.1　环境质量达标是授予排污许可的基本条件

欧盟要求对于可能具有重大环境影响的新、改、扩建项目，在开工建设前需评估、预测其建成运行后可能对周边环境造成的影响，形成基准环境分析报告和环境影响评价报告。只有当预测结果认为装置建成运行后，依然能够保证当地环境质量达标的情况下，项目才能被通过许可。

以德国为例，按照环境影响程度将不同装置分为四类：环境影响较小的采取登记注册管理；中等环境影响的需要进行许可管理；具有显著环境影响的项目在许可程序中需要公众参与；对于有重大环境影响的，在上述管理的基础上还必须实施环境影响评价。《关于须经许可程序的设备的法令》等法令在法律层面上明确了“工业活动清单”和“环境影响评估清单”。环境影响评估清单中所列的设备在开工建设前必须实施环境影响评价。对于按要求应当开展环境影响评价的新、改、扩建项目中，烟尘排放量大于 1 kg/h、氮氧化物排放量大于 20 kg/h 的设备必须通过模型模拟其对周边的空气质量影响，评估范围为按照设备烟囱高度的 50 倍为半径划定的区域。并要求运营方将环境基准分析报告、设备可能排放到环境中的污染物性质、数量以及产生的影响分析报告作为重要的排污许可申请材料提交给管理当局，管理当局将以此为依据明确厂区周边空气质量的污染物浓度控制目标，以及相关控制措施，将其作为项目的“先决条件”。通过环境影响评价，预测装置建成后导致区域排放水平超过标准限值 3%以上的，不得予以许可。

2.2.2 最佳可行技术是核定许可排放限值的重要技术基础

（1）最佳可行技术的概念

最佳可行技术（best available technology，BAT），所谓“最佳”是指在整体上实现高水平环境保护方面是最有效的；“可行”是指可在工业活动中实行，具有经济与技术可行性；“技术”是指工业装置设计、建设、维护、运行与处置的技术和方法。欧盟委员会制定并发布最佳可行技术结论（BAT conclusions）以及配套有详细、科学的最佳可行技术参考文件（BREF）。以此作为欧盟各国在 IED 指令的框架下实施污染物排放许可制度的技术基础。

BAT 的内容主要包括生产装置的功能和性质、工艺流程、技术、排放水平、监测、能源消耗水平等。其中，技术包括针对各行业提出所有可用的技术和措施，重点提出最佳可行技术组合并基于最佳可行技术的控制水平制定排放限值。另外，还包括尚处在研发阶段、未来可能会广泛应用的新兴技术。同时，欧盟还建立了一整套制度体系以确保对最佳可行技术结论的及时更新和完善。

（2）最佳可行技术的制定与更新机制

欧盟的 BAT 编制及更新工作由欧盟综合性污染预防与控制局组织开展。针对行业建立一个技术工作组，技术工作组成员主要由工业行业专家、环境保护非政府组织、成员国代表等构成。通过多次会议和信息交流，历时 10 年，最终形成 33 份 BREF，涉及电力、水泥、建筑陶瓷、钢铁、玻璃、造纸、垃圾焚烧等 31 类工业活动以及监测和能源效率。

BAT 本质上是一个动态概念，因此委员会每年需组织一次成员国与工业部门之间关于 BAT、监测和技术发展方面的信息交流项目，通过制定愿望清单，向技术工作小组收集相关信息并进行分析、验证、咨询和评审，对 BAT 结论和参考文件进行评估，分析可能影响 BAT 的最新信息、可能存在的错误，以及其他需要完善和补充的地方。每三年出版一份信息交流项目的成果，对 BREF 提出建议，并针对相关问题发布修改结论。

（3）最佳可行技术的主要内容——以火电行业为例

BREF 包括对行业的主要工业活动范围、行业概况和基本信息、生产工艺、环境影响、最佳可行技术的适用性、最佳可行技术的排放水平与监控、最佳可行技术的消耗水平与监控以及新兴技术的介绍，BAT 体系见图 2-1。其核心内容是针对各生产设施的污染物产生环节、排放水平和消耗水平等进行分析，给出不同生产设施各类技术组合下的排放控制水平，并提出最佳可行技术组合及其能够达到的排放控制水平。

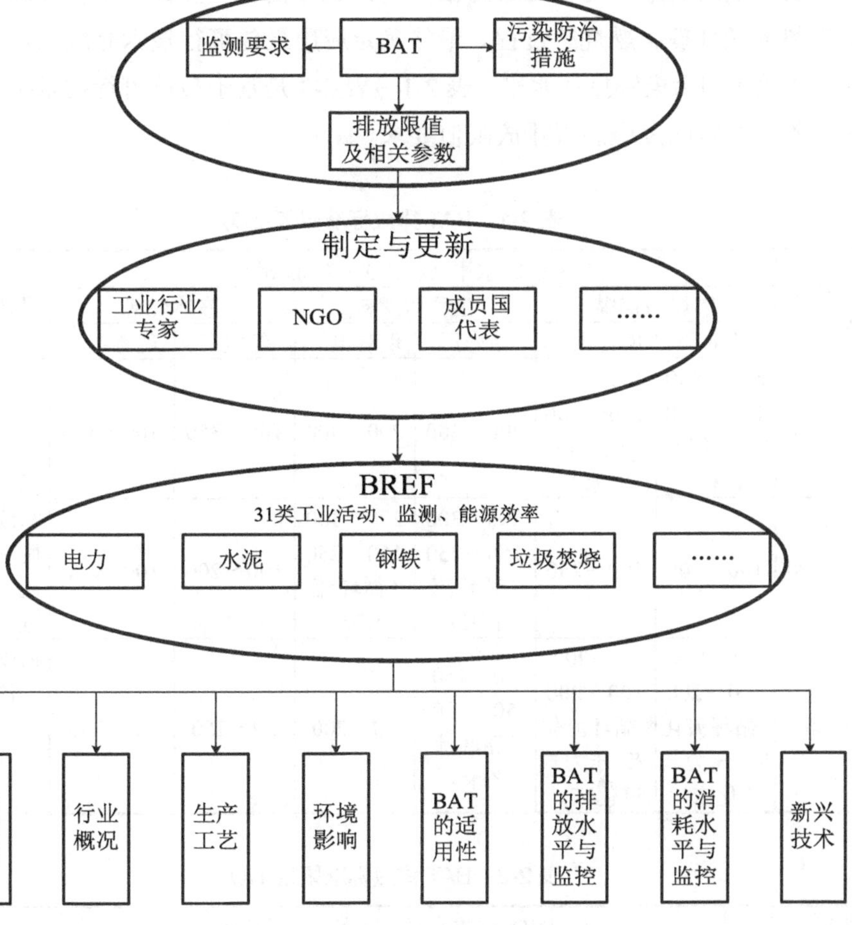

图 2-1　欧盟最佳可行技术体系

以火电行业为例，适用范围是大于 50 MW 的发电装置及其他燃烧装置，包括锅炉、与环境影响相关的辅助设施、储煤传送装置、石灰石的储存、油的储存、化学品的储存、粉煤灰的存放、石膏的储存、废物的临时存放、车间等。主要环境影响包括能源效率、大气污染物、水污染物、灰渣、噪声、放射性物质等。针对不同类型的燃烧技术、转换装置、气化过程、蒸汽循环等过程的工艺、技术和产污情况进行分析。重点对燃用不同类型的燃料（煤、生物质、燃油、燃气、协同焚烧垃圾）采用的燃烧工艺及其控制技术水平、能效水平等进行分析。提出不同燃料类型适用的最佳可行污染防治措施，这些措施主要针对燃料装卸、储存处置、燃料的预处理、燃烧等过程。最终确定应用最佳可行技术时应当达到的消耗水平、热效率和污染物排放水平。表 2-1～表 2-3 是基于最佳可行技术确定的不同规模、不同燃料的发电装置排放限值要求。

表 2-1 BAT 排放标准限值-SO_2

装机容量/MW	SO_2 排放水平（标态）/（mg/m^3）						最佳可行技术
	燃煤与褐煤		生物质燃料		液体燃料		
	新电厂	现有电厂	新电厂	现有电厂	新电厂	现有电厂	
50～100	200～400 150～400 （循环流化床）	200～400 150～400 （循环流化床）	200～300	200～300	100～350	100～350	低硫燃料、湿法或干法烟气脱硫、海水脱硫、脱硫脱硝联合技术、炉内喷钙（循环流化床）
100～300	100～200	100～250	200～300 150～250 （循环流化床）	200～300 150～250 （循环流化床）	100～200	100～250	
＞300	20～150 100～200 （循环流化床、压力式流化床）	20～200 100～200 （循环流化床、压力式流化床）	50～150 50～200 （循环流化床）	50～200	50～150	50～200	

表 2-2 BAT 排放标准限值-NO_x

装机容量/MW	燃烧技术	NO_x 排放水平（标态）/（mg/m^3）		燃料	最佳可行技术
		新电厂	现有电厂		
50～100	层燃	200～300	200～300	煤和褐煤	低氮燃烧等措施和/或 SNCR
	粉煤燃烧	90～300	90～300	煤	低氮燃烧等措施、SCR 或 SNCR

装机容量/MW	燃烧技术	NO_x 排放水平（标态）/（mg/m^3）		燃料	最佳可行技术
		新电厂	现有电厂		
50～100	循环流化床、加压流化床、沸腾流化床	200～300	200～300	煤和褐煤	低氮燃烧等措施
	粉煤燃烧	200～450	200～450	褐煤	低氮燃烧等措施
100～300	粉煤燃烧	90～200	90～200	煤	低氮燃烧等措施、SCR 或联合技术
	粉煤燃烧	100～200	100～200	褐煤	低氮燃烧等措施
	循环流化床、加压流化床、沸腾流化床	100～200	100～200	煤和褐煤	低氮燃烧等措施，必要时与 SNCR 结合
＞300	粉煤燃烧	90～150	90～200	煤	低氮燃烧等措施、SCR 或联合技术
	粉煤燃烧	50～200	50～200	褐煤	低氮燃烧等措施
	循环流化床、加压流化床、沸腾流化床	50～150	50～200	煤和褐煤	低氮燃烧等措施

表 2-3 BAT 排放标准限值-烟尘

装机容量/MW	烟尘排放水平（标态）/（mg/m^3）						最佳可行技术
	燃煤与褐煤		生物质燃料		液体燃料		
	新电厂	现有电厂	新电厂	现有电厂	新电厂	现有电厂	
50～100	5～20	5～30	5～20	5～30	5～20	5～30	静电除尘或袋式除尘器
100～300	5～20	5～25	5～20	5～20	5～20	5～25	静电除尘或袋式除尘器与湿法或干法烟气脱硫结合；用于循环流化床的袋式除尘
＞300	5～10	5～20	5～20	5～20	5～10	5～20	

（4）最佳可行技术在排污权核定中的作用

BAT 是欧盟实施排放许可管理制度最重要的技术基础。排放许可管理制度的内容涉及项目的前期建设、审批，项目的运行、监管，后期评估等全过程，其中涉及的主要许可内容均以 BAT 为基础进行制定，目的是最大限度地减少工业活动对环境产生的影响。

BAT 在许可制度中的基础作用主要体现在许可限值、相关技术参数、控制措施和监测要求等方面。这些核心的许可内容均以 BAT 为依据进行制定。以 BAT 为基础制定许可要求，既有强制性又具有一定的灵活性。强制性表现在许可的排放浓度限值不得超过 BAT 排放标准范围的最高限，并要求设施运营方按照 BAT 运行、管理、控制和监测水平进行生产和运行；灵活性在于最佳可行技术及技术组合可由设施运营方自行选择，并不限定采用 BAT 参考文件中的技术，只需达到 BAT 的排放标准即可。BAT 对排放许可的基础性作用和企业的强制性要求只体现在排放目标的实现而非技术的选择。

各成员国在 IED 的总体框架下实施排放许可，各成员国基于 BAT 对排污装置制定排放限值、相关参数以及技术措施要求，需保证各排污装置在正常运行条件下，排放量不得超过最佳可行技术下的排放水平。且随着 BAT 的发展和更新，许可证会进行相应的变更。在许可内容的制定过程中体现 BAT 的方式主要有两种：一是通过主管单位与设施运营方协商确定 BAT 在许可中的应用。这种方式需要对设施进行逐台评估，确定基于 BAT 的许可限值和要求。德国、奥地利、瑞士、英国等国家采用这种形式。二是制定通用性约束规则。在全国范围内实施统一的约束性规则，不需要地方管理当局与企业进行谈判。凡是在相关法规和技术文件中已经明确说明的规定，企业必须遵守。也有部分国家采用两种方式相结合确定许可要求。

2.3 日本

日本对企业的管理主要采用总量控制制度。依据日本《大气污染防止法》《大气污染防止法施行法令》和《大气污染防止法施行规则》中的有关规定，日本针对硫氧化物和氮氧化物实施总量控制，实施的范围主要针对排污企业比较集中的“指定地区”。都道府县的知事针对“指定地区”首先制定指定污染物的总量减排计划，以确保该指定地区达到总量控制要求，并确定实施总量控制的企业单位的规模；而后依据总量减排计划对实施总量控制的排污单位制定总量控制标准，限制整个企业单位的污染物排放量。以下以氮氧化物总量控制为例，分析日本总量控制框架体系。

2.3.1　基于环境质量标准制定区域总量减排计划

在日本，依据《大气污染防止法》，都道府县知事有义务制定指定地区的总量减排计划。所谓总量减排计划，是通过科学合理的方法制定的确保大气环境质量标准的基本计划。制定总量减排计划的基本思路是根据环境标准计算该地区的允许排放总量，继而明确特定排污单位的排放总量的减排目标，实施指定污染物的减排措施。在制定总量减排计划时，要求各地方利用模型等技术方法预测区域污染物排放情况与环境质量之间的关系，测算总量控制目标。同时，还要充分考虑该地区的实际污染物排放情况、污染控制措施实施情况和环境质量现状等，以确保总量减排计划的科学性和合理性。日本在氮氧化物总量减排计划中设置了 1 号总量、2 号总量、3 号总量、4 号总量，1 号总量是指定地区的总排放量，2 号总量是指该地区作为控制对象的企业单位排放量，3 号总量是指减排后该地区的排放总量，4 号总量是指该地区减排后作为控制对象的企业单位的排放量。总量减排计划就是将 1 号总量削减至确保大气环境质量达标的 3 号总量，同时该地区需要减排的控制对象排污单位的 2 号总量确定削减目标为 4 号总量。

氮氧化物总量减排计划的技术路线如图 2-2 所示，在制定过程中需掌握基准年的污染源排放情况，对基准年的大气环境进行分析后，构建预测模型，预测并评估目标年的容许排放量。

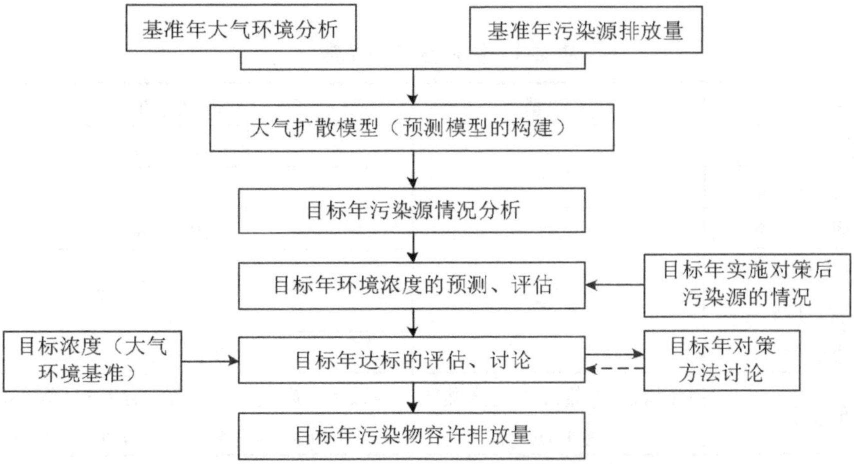

图 2-2　氮氧化物总量减排计划技术路线

2.3.2 按照排放强度筛选总量控制企业

日本依据污染装置的排放特性和排放强度筛选总量控制企业，将一定规模以上的工厂或企业单位认定为“特定工厂”实施总量控制。

以氮氧化物总量控制为例，“特定工厂”按照氮氧化物排放的潜在能力确定，具体指标为换算成重油后原料、燃料的使用量。将原料、燃料量换算成重油量时，要充分考虑排污装置的种类、规模、燃料类型等因素，按照各排污装置的氮氧化物排放特性进行换算。《大气污染防止法施行法令》对各种排污装置分别按照原料换算或燃料换算进行明确分类。对于氮氧化物主要来源于原料中的排污装置，按照原料使用量换算成重油量，方法为假设某设备中处理 1 kg 原料时（标态）产生 X（m^3）的氮氧化物，在使用重油的锅炉中燃烧 1 L 重油时产生 Y（m^3）的氮氧化物，则该原料 1 kg 就相当于 X/Y（L）重油。进行燃料换算时，首先按照不同燃料类型换算成具有同等发热量的重油量。根据发热量将燃料量转换为重油量，转换方法见表 2-4。不同类型的燃烧装置使用同一燃料，其排放量也可能存在很大差异，因此应将所有燃料量都换算成重油量后，根据排污装置的不同应乘以一定的系数，反映出各种排污装置实际的氮氧化物排放情况。该系数在确定时应充分考虑排污装置中使用燃料的排放系数与重油专用锅炉的排放系数，对其进行比较后再予以确定。

表 2-4 重油量转换系数

燃料种类	燃料量	重油量/L
原油、轻油	1 L	0.95
粗汽油、煤油		0.90
煤炭	1 kg	0.30～0.80
液化天然气		1.3
液化石油气		1.2
城市煤气		0.33～1.3
其他燃料	1 L（固体燃料或气体燃料为 1 kg）	与该 1 L 燃料（固体燃料或气体燃料时为 1 kg）具有同等发热量的重油量

换算成重油后原料、燃料的使用量在 1 kL/h 以上规模的工厂会被考虑确定为“特定工厂”，同时，规定“特定工厂”应该覆盖指定地区内的工厂或企业单位氮氧化物排放量的 80%以上，都道府县知事结合地区的实际情况确定特定工厂的规模。东京特别区等地区规定重油使用量大于 1 kL/h 规模的工厂为“特定工厂”，该地区“特定工厂”氮氧化物排放量占到整个地区氮氧化物排放量的 86%；横滨、川崎等地区规定的是重油使用量为大于 4 kL/h 规模的工厂为“特定工厂”；大阪等地区为大于 2 kL/h 规模的工厂为“特定工厂”。

2.3.3 实施具有针对性的差别化总量控制标准

日本法律规定都道府县的知事必须根据总量减排计划针对“特定工厂”制定总量控制标准，以达到减排目标。总量控制标准是按照不同特定工厂分别制定的，规定在特定工厂中安装的所有排污装置排放的该指定污染物总量的许可排放限度。都道府县的知事在制定总量控制标准时应遵循两项基本原则：一是标准必须可以确保达到减排目标，二是应科学合理地向各特定工厂分配减排目标。国家对氮氧化物总量控制核定提出两种方法：一是基于原料、燃料使用量的核定方法，二是基于基础排放量的核定方法。都道府县知事应根据地区的实际情况，选择易于开展的方法进行核定。此外，针对新安装排污装置的特定工厂以及新建设的特定工厂等，都道府县的知事可以制定适合其排污装置特殊的总量控制标准。

2.3.3.1 现有特定工厂总量控制标准

（1）基于原料、燃料使用量

基于原料、燃料使用量法是以特定工厂设置的、所有氮氧化物相关的煤烟发生设施所使用的原料、燃料量为基础，进行计算的方法。日本的横滨市、川崎市等地均采用该方法，计算公式如下：

$$Q = aW^b$$

式中：Q——允许排放的氮氧化物量（标态），m^3/h；

a——为达到减排目标，都道府县知事制定的常数；

b——都道府县知事制定的常数，在[0.8，1.0）的范围内；

W——排污企业所有排放氮氧化物的排污装置中使用的原料、燃料的用量转换成的重油量，kL/h。

a是由都道府县知事根据污染物减排目标制定的常数；b也是由都道府县知事制定的常数，和a相辅相成，范围为0.8～1.0。b值的确定要综合考虑本地区内不同规模的特定工厂的分布情况、不同规模排污装置的燃料使用量与氮氧化物排放量之间的关系、各特定工厂对局地造成的环境影响程度、氮氧化物治理技术等。W是指排污企业所有排放氮氧化物的排污装置中使用的原料、燃料用量转换成的重油量，原则上以排污装置在满负荷状态下使用的原料、燃料量为基础进行计算。随原料或者燃料的增加，氮氧化物允许排放量的增加率呈下降趋势。假设某特定工厂的原料或者燃料使用量为W，该工厂氮氧化物允许排放量为Q_2，现状氮氧化物排放量为Q_1，则该工厂需要从Q_1削减到Q_2（图2-3）。

该方法的优点在于当与氮氧化物排放量和原料、燃料使用量成正比关系的设施占大多数时，获得的数据较为准确；缺点在于排放氮氧化物的设施种类存在一定差异，难以完全统一。

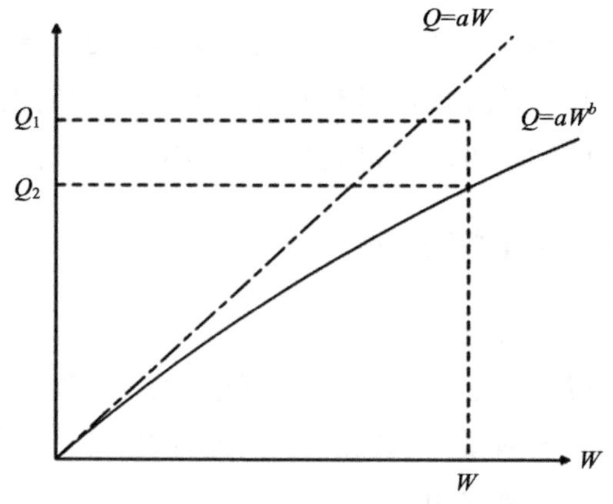

图2-3 基于原料、燃料使用量的控制标准

（2）基于基础排放量

基于基础排放量法是以特定工厂等企业中设置的、所有与氮氧化物相关的煤烟发生设施排放的废气排放量乘以根据各种煤烟设施排放种类制定的设备系数和

计量作为基础进行计算的方法。日本大阪市、东京都特别区等地均采用该计算方法，计算公式如下：

$$Q = k(\sum CV)^l$$

式中：Q——允许排放的氮氧化物量（标态），m^3/h；

k——为达到减排目标量，都道府县知事制定的削减常数，数值小于 1；

V——氮氧化物排放设备的排气量（标态），万 m^3/h（残存氧浓度 0%、干燥）；

C——针对每种排放氮氧化物的煤烟发生设备，都道府县的知事规定的设备系数；

l——都道府县的知事规定的常数，范围为 0.8～1。

$(\sum CV)^l$ 指特定工厂等单位的氮氧化物基础排放量，相当于通过总量控制减排前的排放量，随着$\sum CV$ 量的增加，基础排放量的增加率呈递减趋势；C 相当于与V 的状态相对应的氮氧化物浓度；V 值为残留氧气浓度为 0%的标准状态下换算的干燥排气量，原则上为煤烟发生设备在定额运转情况下的排气量；l 主要是根据法令制定的氮氧化物排放标准中，针对排污装置，依据其规模严格规定的标准值。制定常数 l 时，考虑该地区内特定工厂的规模分布、各特定工厂对地面污染造成的影响、各种规模煤烟发生设备的氮氧化物排放状况、有关氮氧化物治理技术的现状、各规模污染源的对应能力等因素。该方法是根据一定的削减率，对基础排放量$(\sum CV)^l$ 进行削减。假设某特定工厂氮氧化物基础排放量对应 Q_0，现状排放量 Q_1 可能低于基础排放量，根据氮氧化物排放控制要求，该工厂均需要削减到 Q_2（图 2-4）。

该方法优点是《大气污染防止法》和基准公式均强调各个设施的排放浓度，便于统一和理解，同时当设备类型复杂，每类设备的数量较多时，计算相对准确；缺点是虽然环保部门给出了各设备系数的范围，但是需要在该范围内选取适当的设备系数，因此要对各个设备的减排技术、设备间的调整、额定废气量的认定等问题进行额外的研究。

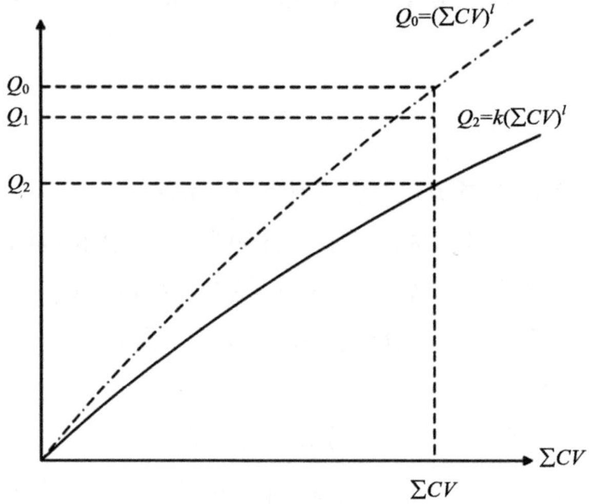

图 2-4　基于基础排放量的控制标准

2.3.3.2　新建特定工厂总量控制标准

（1）基于原料、燃料使用量

基于原料、燃料使用量对新建特定工厂总量控制指标进行核定，计算公式如下：

$$Q = a \cdot W^b + r \cdot a\left\{\left(W + W_i\right)^b - W^b\right\}$$

式中：Q——允许排放的氮氧化物量（标态），m^3/h；

a——为达到减排目标，都道府县知事制定的常数；

b——都道府县知事制定的常数，在[0.8，1.0）范围内；

W——排污企业中所有排放氮氧化物的排污装置中使用的原料、燃料的用量转换成的重油量，kL/h；

r——都道府县知事制定的常数，在 0.3～0.7 范围内，r 值越小越严格；

i——新建或增建时的相关设施。

（2）基于基础排放量

基于基础排放量对新建特定工厂总量控制指标进行核定，计算公式如下：

$$Q = k\left(\sum CV + \sum C_i V_i\right)^i$$

式中：Q——允许排放的氮氧化物量（标态），m^3/h；

k——为达到减排目标量，都道府县知事制定的削减常数，数值小于 1；

V——氮氧化物排放设备的排气量（标态），万 m/h（残存氧浓度 0%、干燥）；

C——针对每种排放氮氧化物的煤烟发生设备，都道府县的知事规定的设备系数；

C_i——都道府县的知事设定的新增建设设施的设施系数；

V_i——新建设施的排气量（标态），万 m/h（残存氧浓度 0%、干燥）；

i——新建或增建时的相关设施。

2.3.4　总量控制的保障措施

为保证各特定工厂遵守总量控制标准，日本制定了一系列的保障措施及惩罚条例，比如规定了业主自主测定的义务、对被列为限值对象的业主深入企业内部调查、在限制地区进行大气污染连续监测、在限制地区持续进行排放量调查等工作；规定业主在对工厂或设备进行改造前，必须事前提出申请，违反者处以 1 年以下徒刑及 100 万日元以下罚款；对违反控制标准的业主直接进行处罚，处罚标准是 6 个月以下徒刑及 50 万日元以下罚款；自主测定义务包括业主需自行测定、记录及保存排放情况，对于违法者，处以 30 万日元以下的罚款。

2.4　小结

排污许可制度、排污交易政策以及总量控制制度等在部分发达国家通过立法实施，经历了几十年漫长的实践过程，已经成为国际上普遍应用的支柱性环境管理制度。排放配额或总量指标的核定与分配是这三项制度的关键技术环节，综合评估各个国家实施的技术特点，以下几个方面尤其值得我国借鉴：

（1）最佳可行技术是排放限值核定方法体系的重要技术基础

在欧盟和美国的排放许可体系中，许可排放限值的核定、监控技术要求、工艺运行参数要求等，均以系统、完善的技术体系为核心基础。根据不同程度的控制技术体系确定排放限值的方法，可以有效实现控制水平最优、技术经济可行、环境效益最佳的环境管理目标。通过建立一整套基于技术的分级排放标准，可以针对有不同环境质量需求的地区、不同排放特点的行业制定排放限值和管理要求。

（2）确保环境质量达标是确定企业排放限值的重要出发点

在美国预建设排污许可体系中，不同环境质量状况的地区要遵循差别化的技术标准，并据此制定差异化的许可排放限值和控制要求；在州实施计划中列出的为了实现空气质量目标的各项要求，也会通过许可证落实到每一个污染源，这就将排污许可与环境质量改善需求很好地实现了衔接。欧盟的排污许可体系也是以最大限度减少环境影响为基本准则建立起来的，对于新、改、扩建项目，以环境影响评价为前提实施排污许可。在日本的总量控制制度中，企业总量控制指标的确定会充分考虑当地的环境状况，并通过设置削减系数减少污染物的排放。

（3）“一厂一标”的差别化排污指标核定标准体系

在日本的总量控制体系中，针对不同规模、不同类型的污染源，会充分考虑其污染排放特性及其所在区域的环境质量改善需求，设计差别化的总量控制标准，从而通过总量控制目标的确定，实现对各类污染源的精细化管理。

第 3 章

我国许可排放限值核定现状与问题剖析

3.1 地方试点阶段

20 世纪 80 年代中期，我国开始探索排污许可这一基本环境管理制度。截至 2015 年，我国 31 个省、自治区、直辖市中，有 20 多个省份专门针对排污许可制度制定了排污许可条例或暂行办法，部分地区也进行了发证工作。其中，江苏、浙江、广东、福建等 8 个省出台了由省人大通过的排污许可办法或条例，天津、河北、上海等 14 个省份以环保令或环保部门规范性文件的形式出台了管理办法。

3.1.1 核定范围与指标选取

从各省份的排污许可限值核定范围来看，多数省份核定的企业范围主要涵盖了国控、省控、市控等重点污染源，涉及的污染物指标体系大致分为三类：第一类是仅核定现阶段国家作为约束性指标进行总量控制的污染物，即二氧化硫、氮氧化物，大多数省份属于这一类；第二类是包括国家和省作为约束性指标进行总量控制的污染物，以山西省为例，核定的指标为现阶段山西省实施污染物排放总量控制的二氧化硫、氮氧化物、烟尘和工业粉尘 4 项主要大气污染物；第三类指标范围不仅局限于国家和省作为约束性指标实施总量控制的污染物，同时也根据市、县等区域环境管理要求或环境质量改善需求，选取排放量大、环境影响突出的其他污染物。只有极少数省份属于第三类。

3.1.2 核定技术方法

地方试点时期，各省在企业许可排放限值核定中采用的技术方法及核定依据主要有两类：一是按照排放绩效法进行核定，绩效法是在试点地区应用最广泛的许可排放量限值核定方法；二是以环境影响评价文件为依据进行核定。

3.1.2.1 绩效法

地方试点时期，我国多数省份对电力、水泥、钢铁等重点行业企业的许可排放量采用排放绩效法核定。各省对绩效值的选取及测算方法差异较大，大致分为以下三类。

1）根据环保部发布的《建设项目主要污染物排放总量指标审核及管理暂行办法》规定的绩效值，按照产品规模核定，如湖北省、河北省等。

2）根据排放标准中规定的浓度限值和基准排气量进行确定。没有基准排气量的，则根据工业污染源产排污系数手册、环境影响评价批复及报告、竣工验收批复及报告中的烟气量，经比较后取小值进行确定。

3）少数地方按照行业内环境效益较高的排放绩效水平核定。如浙江省，针对全行业产品、工艺单一、企业之间绩效差距较小的行业企业（如燃煤发电企业）由各级环保部门对企业基准年实际排放量进行调查和统计分析，并根据国家和省总量减排要求，制定行业主要污染物排放绩效标准，按照定额达标等比例分配法确定各企业许可排放量。哈尔滨市则以达到国家或地方污染物排放标准及有关控制标准为前提，以环境统计排放量和污染源普查数据为重要参考，以相同行业清洁生产、先进生产工艺、先进治理控制技术、管理水平较好企业的污染物排放水平为参考基准，按照企业生产情况和平均产品数量核定分配总量指标，并分行业、分污染物制定了详细的核定办法。

3.1.2.2 基于环评的核定方法

少数省份以环境影响评价文件为主要依据核定企业许可排放量。广州市对新建排污单位按环评批复量进行核定，对现有排污单位根据环评批复文件和最近 3 年排污收费数据，参考本地区污染物总量减排工作方案以及该排污单位最近 3 年环境统计数据核定。山西省按照环境影响评价文件核定排污单位的允许排放量，并根据污染物排放标准予以校核，当环境影响评价文件中预测的排放浓度超过现行污染物排放标准规定的排放浓度限值时，则按照环境影响评价文件中生产规模达到满负荷状况下的烟气量和排放标准中规定的排放浓度限值进行确定，或者按照污染物排放标准中的单位产品排放量标准和环境影响评价文件中生产规模达到满负荷状况下的产品产量进行核定。同时，很多地方在依据绩效方法核定许可排放量的同时会参考环境影响评价批复的允许排放量，将二者进行比较，取小值。

3.1.2.3　其他方法

除以上常见的核定方法外，对于其他非重点行业，各省采用的核定方法也各不相同，主要是参照环评批复的允许排放量，结合环境统计数据或 2010 年污染源普查动态更新调查数据、“三同时”竣工验收监测报告和满负荷生产情况下的实际排放量等进行核定。

多数省份采取自上而下的核定分配模式核定企业许可排放量，个别省份先由排污单位进行申报，再由相应的环保部门审核确定，如湖南省。

3.2　全国排污许可制改革阶段

3.2.1　核定范围与指标选取

根据《固定污染源排污许可分类管理名录》的规定，目前我国针对各污染物排放行业的各类设施进行分类管理，综合考虑污染物产生量和排放量以及环境风险大小，针对实施重点管理的污染源和排放口核定许可排放浓度限值和许可排放量限值的双要求，其他污染源则仅实施许可排放浓度限值管理。地方人民政府还可以依据改善环境质量的要求，依法增加排污许可管理的范围。在污染物指标方面，主要根据国家或地方污染物排放标准进行确定，排放标准中的污染物指标均纳入排污许可管理，核定许可排放限值。此外，根据各行业的排放特征选取二氧化硫、氮氧化物、颗粒物以及 VOCs 等污染物指标核定许可排放量限值。以火电行业为例，我国火电行业排污许可证适用于各种容量的燃煤、燃油、燃气、燃油页岩、燃石油焦、燃生活垃圾和燃生物质的火电机组所在企业，许可的对象包括企业内的发电机组及其附属设备、锅炉等全部设施。纳入许可排放限值核定范围的大气污染物指标包括二氧化硫、氮氧化物、烟尘、汞及其化合物，其中二氧化硫、氮氧化物和烟尘除了核定浓度限值外还须核定许可排放量限值。

3.2.2 核定技术方法

目前，我国排污许可证中主要排放口年许可排放量的核定方法根据设施投运时间的不同分为两类。对于 2015 年 1 月 1 日之前投产运行的，主要依据排放标准并参考地方政府已下达的总量指标进行从严确定；对于 2015 年 1 月 1 日之后投产运行的设施，则按照环评批复的总量控制要求进行确定。该方法的主要问题是未能与环境质量改善目标相衔接，以排放标准或环评批复总量指标为依据核定许可排放量，并依此作为企事业单位总量控制的目标，很难确保实现环境质量目标。

以火电行业为例，通过统计分析已发放的火电企业排污许可证相关数据信息，对比研究全国各省份已核定火电企业许可排放量的平均排放绩效与排放绩效标准值，结果显示：二氧化硫方面，全国已核发的火电企业排污许可证中核定的许可排放量平均排放绩效值较低的是上海、河北、河南、天津、浙江、山东，各省份平均排放绩效值均低于重点控制区的排放绩效标准值。辽宁、吉林、江西、云南、黑龙江、青海、湖南、湖北、甘肃、山西、海南的平均排放绩效值较高，均高于一般地区的新建锅炉绩效标准值。贵州、四川、广西的平均排放绩效值高于高硫煤地区新建锅炉绩效标准值。其中，贵州最高，约 1.2 g/（kW·h）。氮氧化物方面，全国已核发火电企业排污许可证中核定的许可排放量的平均排放绩效值较低的是上海、北京、河北、河南、重庆，各省份平均排放绩效值均低于 0.2 g/（kW·h）。贵州、辽宁的平均排放绩效值最高，均高于 0.5 g/（kW·h），远高于绩效标准值。此外，云南、青海、广西、江西、吉林、黑龙江、四川、山西、湖南、内蒙古、湖北的平均排放绩效值也高于标准绩效值。其中，贵州、四川、广西、内蒙古等地区可能由于较多采用 W 火焰炉和循环流化床，从而绩效值较高。颗粒物方面，绝大多数省份核定的许可排放量的平均排放绩效值低于一般地区的标准绩效值，仅有辽宁、青海和江西略高于标准值。上海、山东、河南、河北、重庆的平均排放绩效值最低，均低于 0.04 g/（kW·h）。这充分说明目前全国各地区已核定火电企业许可排放量的绩效值水平差距较大，且存在个别环境质量较差的地区核定的许可排放量偏高的问题，应当根据质量改善需求进一步调整（图 3-1）。

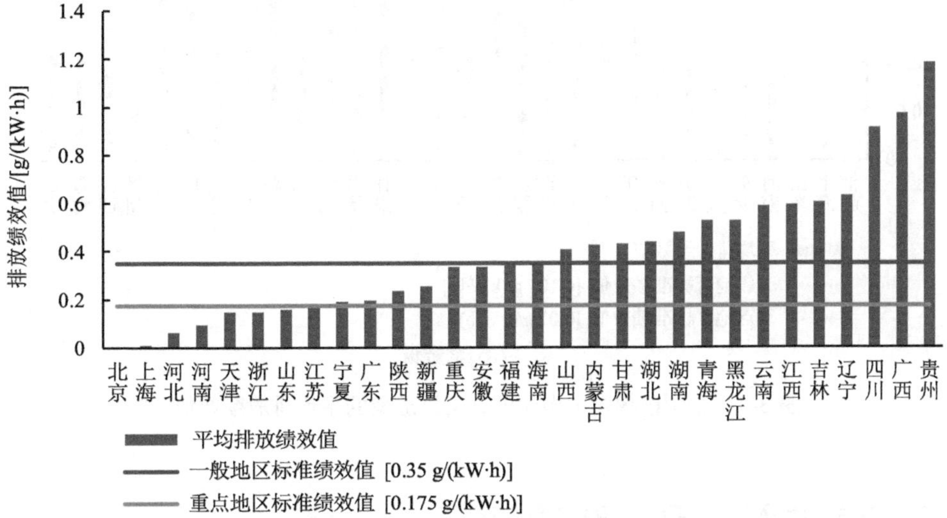

（a）二氧化硫

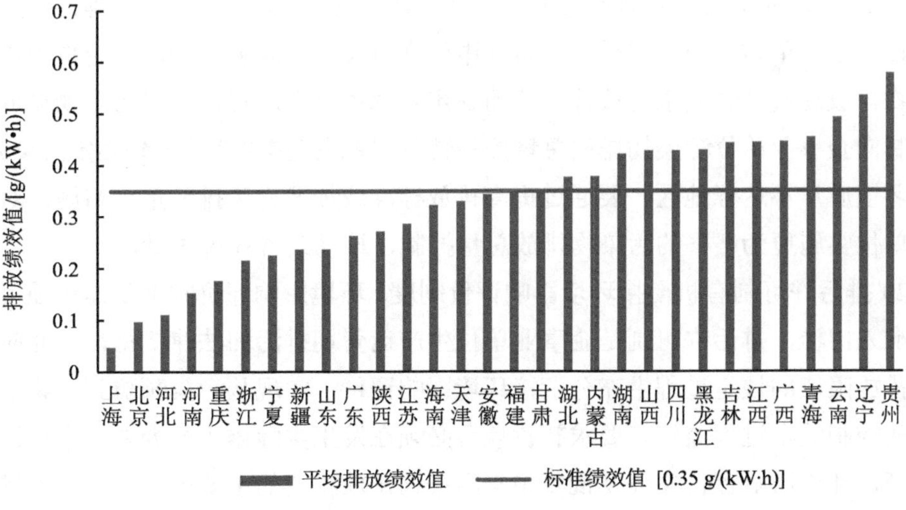

（b）氮氧化物

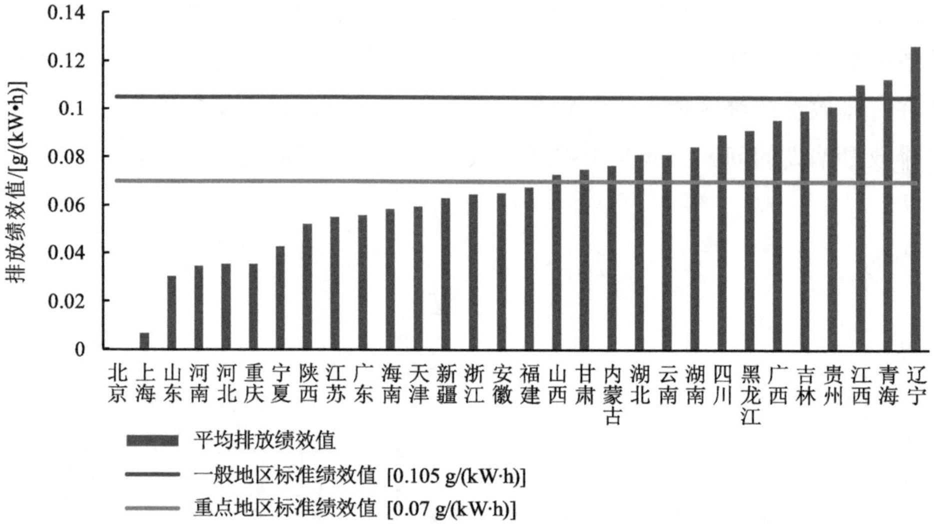

（c）颗粒物

图 3-1 全国已核定火电企业许可排放量的平均排放绩效值

3.2.3 与相关环境管理制度的衔接

1）通过许可排放量管理落实企事业单位总量控制要求。在我国实施的污染物排放许可制改革体系中，将排污许可证中的许可排放量限值作为落实企事业单位污染物排放总量控制要求的载体，从而逐步实现由过去的行政区域污染物排放总量控制向企事业单位污染物排放总量控制转变，控制范围逐渐统一到固定污染源。对于环境质量不达标地区，要通过提高排放标准或加严许可排放量等措施，对企事业单位实施更为严格的污染物排放总量控制，推动改善环境质量。

2）排污许可制有机衔接环境影响评价制度。环境影响评价制度是建设项目的环境准入门槛，排污许可制是企事业单位生产运营期排污的法律依据，因此应在许可排放限值的核定过程中充分衔接环境影响评价，实现从污染预防到污染治理和排放控制的全过程监管。要求新建项目必须在发生实际排污行为之前申领排污许可证，环境影响评价文件及批复中与污染物排放相关的主要内容应当纳入排污许可证，尤其是对于新建项目所在企业，许可排放量限值应根据环境影响评价文件及批复中的总量要求进行核定。

3.3 小结

通过分析评估各省在许可排放限值核定中的做法可以看出，我国各地在过去的试点实践中主要存在以下问题。

（1）核定范围过于局限

一方面，很多省份开展许可排放量核定的污染源范围仅仅局限于国控、省控、市控等重点污染源，导致存在显著影响环境的污染源未能纳入排污许可管理范畴；另一方面，从各地实施试点的污染物指标体系来看，除少数省份基于当地环境管理要求和环境质量改善需求选取污染物指标外，目前各地仅对纳入国家或省约束性指标进行总量控制的污染物核定许可排放量限值，而忽略了某些行业的特征污染物、影响区域空气质量的关键污染因子和其他排放量大、环境影响突出的污染物指标等。

（2）缺乏科学、统一的核定方法体系

试点时期，各地采用的限值核定方法“五花八门”、极不统一。多数省份选择采用绩效法核定，但是绩效值的选取和测算依据差异较大。同时有一些产品复杂、排污环节繁多、排放现状尚不清晰的长流程生产工艺，目前缺乏充分的数据基础和较为科学的绩效值测算方法，对于这一类行业企业的许可排放量核定存在明显的技术障碍；另外，还有个别省份基于历史排放情况、满负荷最大烟气量或企业实际排放数据测算绩效值核定许可排放量，势必造成产量大、排放量大、能源利用效率低的企业分配到更多的许可排放量，这违背了限值核定与分配应当体现行业公平性、技术最优化和经济可行性的初衷。

（3）未能与环境质量建立关联机制

各地在核定企事业单位许可排放量时，大多以符合排放标准为基本原则，一定程度上能够做到衔接区域总量控制目标，但均与环境质量的关联性不大，多数地方实施的排污许可制度也与环境影响评价制度缺乏明确的衔接方式，没有从顶层设计的角度提出基于环境质量的许可排放量核定思路，无法通过实施排污许可管理实现与环境质量管理的有效衔接。

国家开展排污许可制度改革的现阶段，我国实施的排放许可制改革体系中的许可排放量限值的核定方法中最大的问题是未能与环境质量改善目标相衔接。以排放标准或环评批复总量指标为依据核定许可排放量，并依此作为企事业单位总量控制的目标，很难确保实现环境质量目标。相比于国外的排污许可实施经验，我国目前许可排放限值核定方法的核心问题有以下两个方面：

1）以达标排放为主要目标的排污许可体系设计未能与环境质量改善有效衔接。依据目前编制的排污许可制度顶层设计方案，排污许可限值和相关的管理要求主要是基于现行的排放标准和法律法规要求进行确定。特别是许可排放限值的确定，如果全国均按照“一刀切”的排放标准进行核定，尽管在一定程度上体现了行业内的公平性和技术的可行性，却无法体现不同区域的环境质量的差异化，不能有效防止超标地区环境质量继续恶化。

2）排放限值制定标准中对技术、成本等因素考虑不足，难以成为“一企一策”的排污许可证排放限值的依据。我国目前的许可排放量限值主要是根据污染源执行的排放标准中的浓度限值进行核定。然而，现行的标准虽然在一程度上考虑了治理技术的可行性，但未能基于不同治理技术的最优控制效果设计不同控制级别的差异化、精细化标准限值。因此，据此标准核定的许可排放量难以达到优化产业结构、提升技术水平的目的。此外，仅仅基于排放标准核定许可排放量对不同行业的减排成本差异考虑不足，无法实现费用效益比最优的污染源减排控制方案，从而难以满足排污许可的精细化管理需求。

第 4 章

许可排放量核定技术方法体系

根据国务院办公厅《控制污染物排放许可制实施方案》（国办发〔2016〕81号）的要求，许可排放量限值作为固定源许可限值管理的关键应当以排放标准为基本依据，综合考虑总量控制指标、环境影响评价文件及批复要求等进行确定。环境质量不达标地区，要通过提高排放标准或加严许可排放量等措施，对企事业单位实施更为严格的污染物排放总量控制，推动改善环境质量。排污许可管理的终极目标是通过规范固定源管理有效推动环境质量改善目标的实现。因此，从长远的制度设计来看，许可限值的核定与管理应当充分体现区域环境质量改善需求。

2016—2020 年，排污许可制度开始在全国层面实施，按照"核发一个行业、清理一个行业、规范一个行业"的方式逐行业推进，将于 2020 年年底完成所有固定污染源排污许可管理的全覆盖。为了以最小的制度改革成本推进排污许可制的快速落地，在当前的制度建立初期，许可证核发与管理的核心目标是确保全部污染源达标排放。因此，相应的许可排放限值几乎全部按照排放标准进行核定，未能体现改善环境质量这一制度的终极目标。当前正是我国排污许可制度建立即将完成、亟待以改善质量为目标优化制度设计与技术方法的关键期，如何在许可排放限值的核定过程中体现质量管理是排污许可制度工作中需要解决的主要问题，科学构建以改善环境质量为核心的许可排放限值核定技术方法迫在眉睫。

4.1 许可排放量限值核定基本思路

2020 年后，我国将全面进入“后小康时代”，作为固定污染源环境管理的核心制度，排污许可制度的改革也将迎来一个重要时期，尤其是以许可排放量限值核定为关键环节的制度方法与技术体系需要在“十四五”乃至“十五五”时期持续优化、完善，并在国家层面做出统筹长远的设计谋划，因此，有必要研究建立系统性与协调性兼具的许可排放量限值核定技术体系中长期路线图。考虑到不同时期我国大气环境管理的要求与技术基础，科学设计面向环境质量改善的主要大气污染物许可排放量限值核定技术路线图，旨在稳步推进、持续优化固定污染源环境管理技术体系。

4.1.1 制度优化中期（2020—2025 年）

以改善环境质量、体现环境影响为出发点，以推动产业升级、优化产业结构为原则，以城市为基本单元，构建差异化、特征化的排污许可分级管理体系，实现“一市一策”“一行一策”。

从“十四五”时期我国大气环境形势与管理需求的角度出发，由于地形地貌、流场特征、产业结构、发展阶段等的不同，全国不同地区之间的大气环境质量目标和控制需求存在差异化特征，应当本着“环境的有效性、技术的先进性、行业的差异性”三大原则，统筹考虑各地区的环境质量目标、先进技术标准、产业发展战略等因素，建立差异化的许可排放量限值核定技术体系。借助大气污染排放源清单与源识别-解析等技术手段，定量或半定量化建立区域环境质量与污染排放之间的响应机制，逐步提升大气排污许可限值管理的精度和广度。在管控尺度上，改变现阶段同一省内同一行业的污染源基本按照“一刀切”的标准核定方法，将控制尺度细化到城市，基于各城市对区域大气环境质量现状的影响程度与污染传输特征进行城市分级。在核定标准上，建立技术导向的精细化行业排放绩效（强度）标准体系，作为固定源许可排放量限值的核定依据；在核定模式上，基于各城市管控级别，因地制宜地设计固定源许可排放量核定绩效（强度）方案，实现以质量为导向的分级分类排污许可限值管控。

4.1.2 制度优化后期（2025 年后）

以区域环境质量改善目标为约束，综合考虑环境效益、减排成本、健康效益等因素，精准地将环境质量改善目标分配到企业层面，真正做到面向质量管理实施排污许可制，实现“一企一策”。

2025 年以后，我国环境空气质量将整体得到全面改善，是通过许可排放量实现精准减排的关键期。应当紧密围绕环境质量改善目标、聚焦管控区域的关键环境问题，采用多技术手段融合的方式，以空气质量达标、控制成本最低、费用效益最优为原则构建许可排放量限值优化分配模型。在管控尺度上，以地形地貌特点、流场特征、主要排放源空间布局等为出发点，结合各地生态环境管理基础和能力的差异性，设置排污许可管控单元，从而在更加细化的空间尺度上实现排污许可管理；在核定标准上，以管控单元内最主要的环境问题为着手点和发力点，精准构建质量管理向总量管理的映射机制，从而确定质量目标下的企业排污许可总量目标；在考量要素上，为了进一步提升政策的科学性和全面性，在环境质量约束的基础上，进一步将控制成本、健康效益等要素综合纳入许可排放量核定体系中，实现更加综合、科学、高效的许可排放量分配与管理。

4.2 许可排放量限值核定方法与技术路线

4.2.1 优化中期

优化中期许可排放量限值核定的基本原则是将大气污染相互影响显著、环境质量特征性明显的区域看作统一的管理单元，在区域层面，以整体改善区域大气环境质量为出发点实施统一的企事业单位许可排放量指标管理，根据区域环境质量改善要求、各城市污染贡献及传输影响，对区域内城市进行污染源分级，精准设计不同控制级别的城市企业许可排放量限值核定方案，实施精细化管控。

为了实现上述目标，构建了图 4-1 所示的技术方法及路线图。

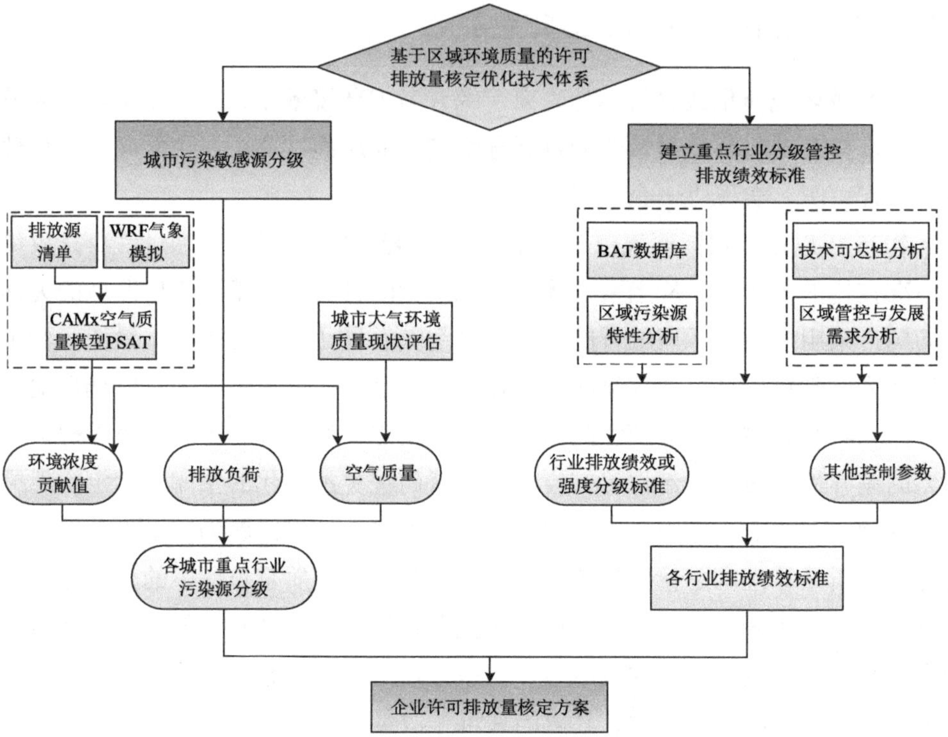

图 4-1 优化中期许可排放量限值核定技术路线

4.2.1.1 基于环境影响对目标区域进行城市污染源分级

基于目标区域的污染源排放清单，构建 WRF-CAMx 耦合模型，建立适合目标区域的可反映污染物排放与大气环境质量响应关系的三维大气环境数值模拟系统，开展区域大气污染物浓度数值模拟，研究并分析典型排放源的污染物浓度贡献，为污染物分级提供重要基础数据。

模拟系统中，气象场采用较为先进的中尺度气象模式 WRF 进行模拟。该模型具有良好的计算架构及全面的物理参数化方案，在区域气候、数值模拟研究等方面有较为广泛的应用，可为 CAMx 提供满足其格式及时空分辨率需求的气象场。基于 WRF 输出的气象数据，利用 CAMx 进行空气质量模拟，并结合颗粒物来源识别技术（PSAT）识别不同区域的不同污染源对目标区域主要污染因子环境浓度的贡献，最终为污染物来源分级提供区域-污染源-贡献浓度多维度高分辨率的数值矩阵。

通过污染源排放的污染物对主要污染因子环境浓度的贡献除以污染物的排放量并加和，来表征污染源空气质量影响系数，并根据该影响系数对不同污染源进行分级。具体的技术路线如下。

（1）确定空气质量影响敏感系数

基于 WRF-CAMx-PSAT 数值模拟，将各城市排放源对所有受体点的平均年贡献浓度除以相应城市排放源的污染物年排放量，得到不同城市不同行业排放的某一污染物对区域空气质量影响的敏感系数 SF，即排放区域污染源排放单位质量（1 t）的某种污染物对目标区域均匀受体点的平均浓度贡献。例如，以 $PM_{2.5}$ 作为环境指标因子进行区域污染源分级，SF 需分别计算区域污染源排放的 SO_2 对硫酸盐、NO_x 对硝酸盐、$PM_{2.5}$ 对一次 $PM_{2.5}$ 的敏感系数。

$$\mathrm{SF}_{i,j,k}=\frac{C_{i,j,k}}{E_{i,j,k}}$$

式中：i——目标区域；

j——重点行业排放源，包括电力、钢铁、工业锅炉、平板玻璃和水泥行业；

k——污染物，包括 SO_2、NO_x 和 $PM_{2.5}$；

$\mathrm{SF}_{i,j,k}$——目标区域 i 行业 j 排放的污染物 k 对目标区域 $PM_{2.5}$ 的敏感系数，（$\mu g/m^3$）/（t/a）；

$C_{i,j,k}$——CAMx-PSAT 数值模拟得到的排放区域 i 行业 j 排放的污染物 k 对应的 $PM_{2.5}$ 组分（SO_2 对硫酸盐、NO_x 对硝酸盐、$PM_{2.5}$ 对一次 $PM_{2.5}$）的年均贡献浓度，$\mu g/m^3$；其中，目标区域组分浓度为所有受体点均值；

$E_{i,j,k}$——目标区域 i 行业 j 污染物 k 的年排放量，t/a。

（2）确定行业空气质量影响敏感系数

基于单位质量（1 t）的某种污染物对目标区域均匀受体点的平均浓度贡献，将同一城市同一行业的不同污染物对空气质量影响的敏感系数加和，得到该城市该行业排放的污染物对区域空气质量影响的敏感系数 CSF。

$$\mathrm{CSF}_{i,j,k}=\sum_{1}^{k}\mathrm{SF}_{i,j,k}$$

式中：i——目标区域；

j——重点行业排放源，包括电力、钢铁、工业锅炉、平板玻璃和水泥行业；

k——污染物，包括 SO_2、NO_x 和 $PM_{2.5}$；

$SF_{i,j,k}$——目标区域 i 行业 j 排放的污染物 k 对目标区域 $PM_{2.5}$ 的敏感系数，（μg/m³）/（t/a）；

$CSF_{i,j,k}$——目标区域 i 行业 j 排放的 SO_2、NO_x 和 $PM_{2.5}$ 对目标区域 $PM_{2.5}$ 的敏感系数，（μg/m³）/（t/a）。

4.2.1.2 建立目标区域重点行业分级管控排放绩效体系

基于大气污染防治技术的可达性，按照鼓励先进、优化结构的原则，同时参考行业排放标准，确定目标区域内各涉气重点行业的分级浓度限值、基准烟气量等，据此分别计算二氧化硫、氮氧化物、烟尘排放分级控制绩效，制定各重点行业的约束级别；并结合各城市重点行业空气质量敏感系数和分级，提出各城市的重点行业大气污染物排放绩效，从而实现不同城市的分级管控。

$$\mathrm{GPS}_i = C_{ij} Q_{ij}$$

式中：GPS_i——第 i 台设备的排放绩效值；

C_{ij}——第 i 台设备污染物 j 的排放浓度限值；

Q_{ij}——第 i 台设备基准烟气量。

笔者基于最优污染防治技术可达性设计提出重点行业分级控制绩效标准体系，详见第 5 章。

4.2.1.3 确定企业许可排放量限值

根据 4.2.1.1 节得到的目标区域各城市污染源分级结果，以及 4.2.1.2 节确定的重点行业分级管控排放绩效体系，按照分级结果对应选取分级管控排放绩效值，采用绩效值法核算各企业许可排放量限值。许可排放量限值的基本表达式如下：

$$E = \sum_{i=1}^{n} E_i$$

式中：E——企业的大气污染物许可排放量；

E_i——企业中第 i 台设备的大气污染物许可排放量。

$$E_i = P_i \times GPS_i$$

或

$$E_i = M_i \times pf_i$$

式中：E_i——第 i 台设备的大气污染物许可排放量；

P_i——第 i 台设备的设计产能；

GPS_i——第 i 台设备的排放绩效值；

M_i——第 i 台设备的原燃料消耗量；

pf_i——第 i 台设备单位原料或燃料的大气污染物排放强度。

4.2.2 优化后期

优化后期的排污许可制度技术体系，需要进一步借助大气污染排放源清单与源识别-解析等技术手段，逐步提升大气排污许可限值管理的精度和维度，以解决更加微小控制单元的大气污染关键问题为目标，进行固定源许可排放量限值核定。目前阶段可有两种实现方法：一是构建区域-城市-控制单元耦合的环境容量技术体系，以控制单位环境容量及其时间变化特征为约束，基于技术、成本效益优化固定源许可量。笔者基于运筹学理论，采用数学优化的方法，在传统大气环境优化模型基础上，将基于模式模拟的敏感系数引入优化方程，以优化减排经济成本最低为目标，以不同地区与排放源最大控制潜力、各城市减排政策要求以及 $PM_{2.5}$ 年均浓度达标等为约束条件，建立优化调控模型，建立基于环境容量的固定源许可排放量分配优化方法，技术方法与路线图如图 4-2（a）所示。二是构建以空气质量达标为约束，以控制成本最低、费用效益最优为原则的许可排放量限值优化分配模型。为了实现这一目标，笔者提出集成空气质量模型、减排成本评估模型及健康效益评估模型为一体的综合技术手段，分别从环境效益、治理成本、健康效益等方面综合评估以许可排放量限值核定与分配为核心的减排方案，在实现控制单元环境质量目标的前提下，快速高效地筛选出费用效益比最优的许可排放量限值核定与分配方案，技术方法与路线图如图 4-2（b）所示。

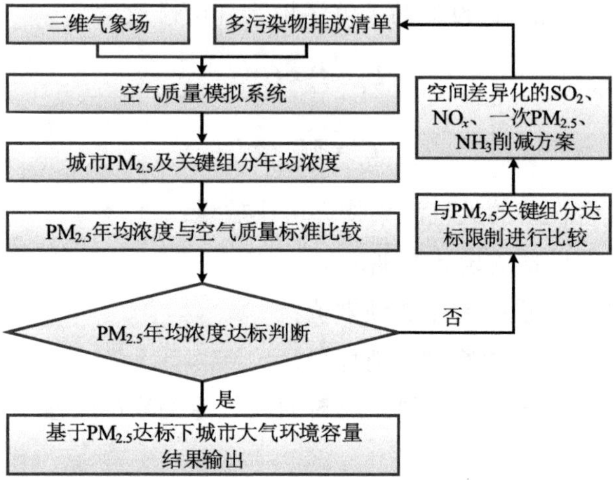

（a）

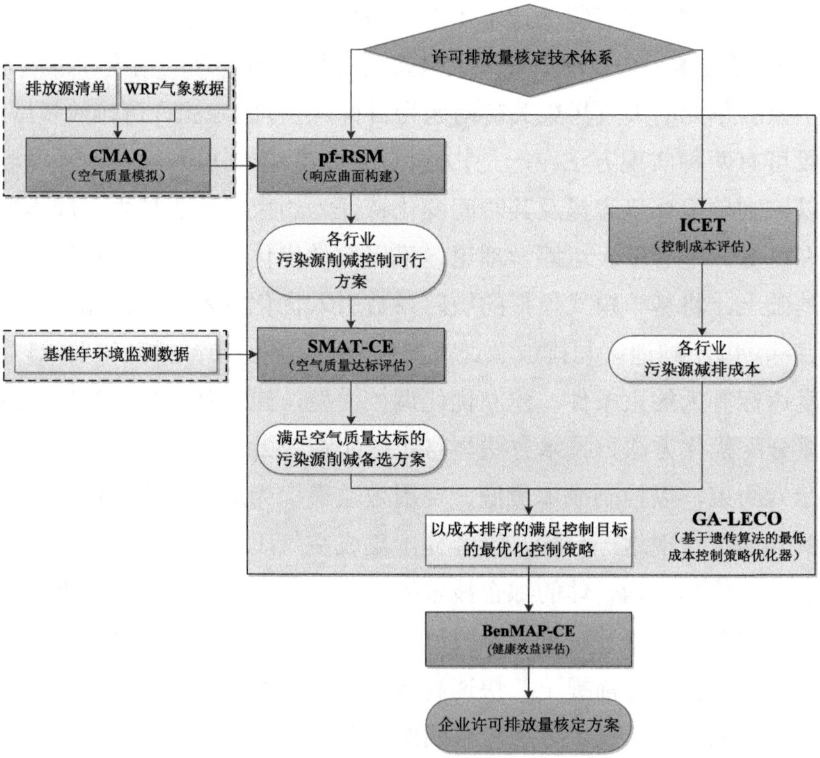

（b）

图 4-2　优化后期许可排放量限值核定技术路线

4.2.2.1 基于环境容量的固定源许可排放量分配

基于 CMAx 模型研发空气质量模型的迭代试算法，以 $PM_{2.5}$ 年均浓度达标为约束条件，统筹考虑 $PM_{2.5}$ 的区域传输、行业耦合以及前体物非线性协同等作用，建立区域-城市-控制单元耦合的大气多污染物环境容量计算方法。

具体技术路线为：基于气象数据、地形数据、虚拟排放清单，采用 WRF 气象模型模拟气象场，采用 SMOKE 模型实现清单网格化，以第三代空气质量模型 CMAQ 为基础，通过分段线性迭代算法，建立“多污染物大气环境容量迭代模型”，通过布局敏感性、受体敏感性模拟与评价，在区域视角下，分析满足空气质量目标的城市大气环境容量，最后再将全市环境容量基于技术、成本效益优化分配到各区县、各重点企业、各网格。

4.2.2.2 构建空气质量达标约束下的排放控制模型

（1）空气质量模拟

空气质量模拟是通过输入的地形、气象和污染物排放等数据，模拟计算污染物在大气中的迁移、扩散、转化过程，给出浓度的时空分布；通过设定不同的模拟情景，分析地区之间的相互影响、各类污染源的环境影响等，为控制策略的制定提供依据；通过设定不同的排放削减情景，模拟最终的效果，从而达到控制方案的评价、筛选和优化。

具体技术路线为：基于气象数据、下垫面数据、污染物排放数据、环境质量监测等数据，利用气象模拟模型（如 WRF）对控制单元的基准年气象场进行模拟；再通过空气质量模型（如 CMAQ）模拟基准情景下的控制单元及其周边主要大气排放源的污染物排放情况，评估环境现状和污染特征；在此基础上，分析不同减排控制情景下各污染物的污染情况；最后采用统计指标对模拟结果进行校验，再将校验过的基准年 CMAQ 空气质量模拟结果输入构建的响应曲面模型。

（2）构建响应曲面模型

应用于大气模拟领域的响应曲面模型，是通过设计实验，借助统计手段，从而归纳出某一污染物浓度与各排放源排放量之间的函数关系。借助它可以快速得到不同控制情景下的污染物环境浓度变化情况。响应曲面模型的建立方法很直接，并不需要涉及空气质量模型内部的复杂机制，因此适用于任何一种空气质量模型，可以快速高效地针对任何污染源的任一污染物的环境浓度响应关系进行分析。

具体技术路线为：基于 WRF-CMAQ 模拟结果，构建控制单元内污染源排放与大气环境污染物浓度的实时响应曲面模型，实现相邻行政区域不同控制情景（减排策略）下的环境浓度实时响应，从而获得控制单元在满足环境质量目标的前提下各企业污染削减量的备选方案。

4.2.2.3 基于费效分析优选许可排放量控制方案

（1）大气污染控制成本评估

建议采用 ICET 模型对备选的企业污染削减量方案进行大气污染控制成本评估，它是由 USEPA 研发的基于边际成本曲线方法的控制策略治理成本评估工具，可以实现对不同减排情景的减排成本评估，广泛应用于对大气环境政策分析和评估。

具体技术路线为：基于控制单元内各行业基准年排放清单数据、控制情景数据、边际成本曲线数据（不同排放削减率下各种控制因子的单位控制成本），获取基于控制单元环境质量达标情况下的各行业的减排成本，采用 ICET 模型，针对 4.2.2.1 节中得到的全部备选方案进行成本评估。

（2）大气污染防治健康效益评估

建议采用 BenMAP-CE 模型对备选的企业污染削减量方案进行健康效益评估，它是由 USEPA 研发的大气污染减排健康效益评估模型，模型的构建是基于空气质量数据、模型模拟数据和人口数据等基础数据，使用特定的人体健康评估方法和经济效益评估方法计算区域空气质量变化、人体健康及环境经济效益的关系，从而实现对环境质量改善带来的健康与经济效益定量化的快速评估。

具体技术路线为：基于控制单元的空气质量数据、发病率/患病率数据、人口数据、健康影响函数、价值衡量函数等数据，利用基准年的空气质量数据计算不同控制情境下环境空气质量变化量，定量评估污染削减带来的健康影响，最终对各类健康效益进行货币化加和。

（3）方案优选

为实现从海量情景中快速找到符合空气质量目标且费效比最高的控制策略，

建议采用遗传算法，具体的技术路线为：首先，基于控制单元内各行业的基准年排放量以及最优技术的可达绩效标准，设置削减方案的取值范围；之后，综合空气质量达标评估及成本评估的结果，快速高效地筛选出满足控制单元空气质量目标且成本最低的企业排放量削减方案，再结合健康效益评估方法，筛选出满足控制单元空气质量目标且费用效益比最优的企业排放量削减方案；最后，根据基准年控制单元内各企业的污染物排放量，结合最优的企业排放量削减方案，设计提出控制单元内各企业的许可排放量限值分配方案。

第 5 章

基于最佳可行技术的重点行业主要污染物排放绩效标准体系

基于最佳可行技术的可达控制水平建立的排放绩效控制标准是核定许可排放量的必要基础。本研究以"鼓励先进、淘汰落后"为基本原则，以最佳可行污染防治技术的控制排放水平为基准，针对不同控制需求建立重点行业主要大气污染物排放绩效分级标准体系。

5.1 主要大气污染物排放量行业分布特征

工业源是主要大气污染物排放的最大来源。根据 2018 年环境统计，全国烟（粉）尘排放量 702.0 万 t。其中，工业烟（粉）尘排放量 511.7 万 t，占全国烟（粉）尘排放总量的 72.9%；城镇生活烟（粉）尘排放量 146.0 万 t，占全国烟（粉）尘排放总量的 20.8%；机动车颗粒物排放量 44.2 万 t，占全国烟（粉）尘排放总量的 6.3%（图 5-1）。全国二氧化硫排放量 719.2 万 t。其中，工业二氧化硫排放量 462.5 万 t，占全国二氧化硫排放总量的 64.3%；城镇生活二氧化硫排放量 256.5 万 t，占全国二氧化硫排放总量的 35.7%（图 5-2）。全国氮氧化物排放量 1 176.2 万 t。其中，工业氮氧化物排放量 570.1 万 t，占全国氮氧化物排放总量的 48.5%；城镇生活氮氧化物排放量 42.5 万 t，占全国氮氧化物排放总量的 3.6%；机动车氮氧化物排放量 562.9 万 t，占全国氮氧化物排放总量的 47.9%（图 5-3）。

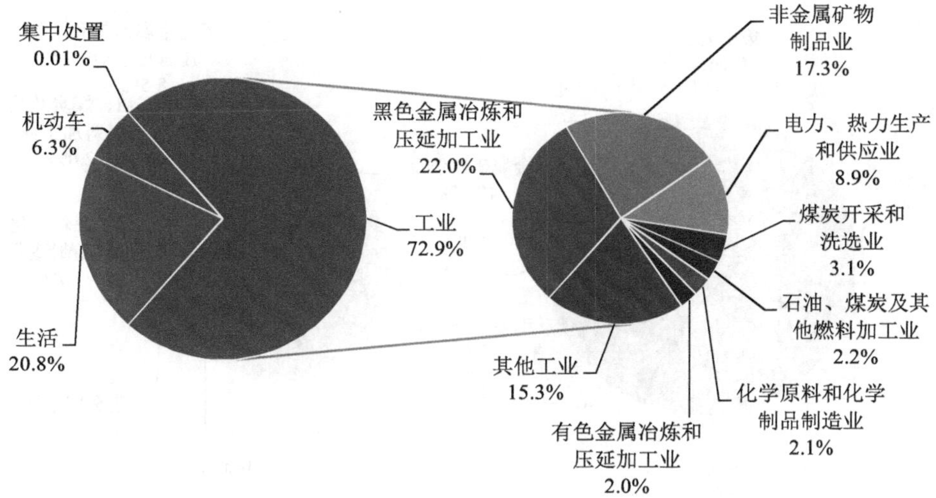

图 5-1　我国烟（粉）尘排放行业分布

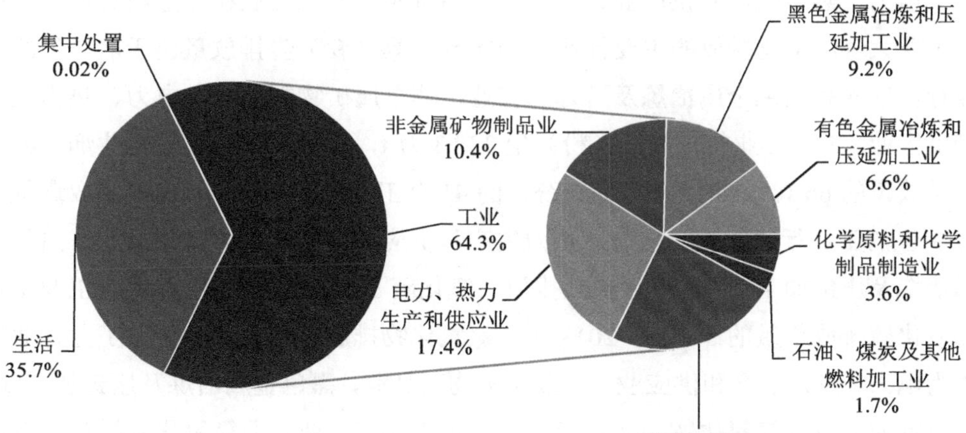

图 5-2　我国二氧化硫排放行业分布

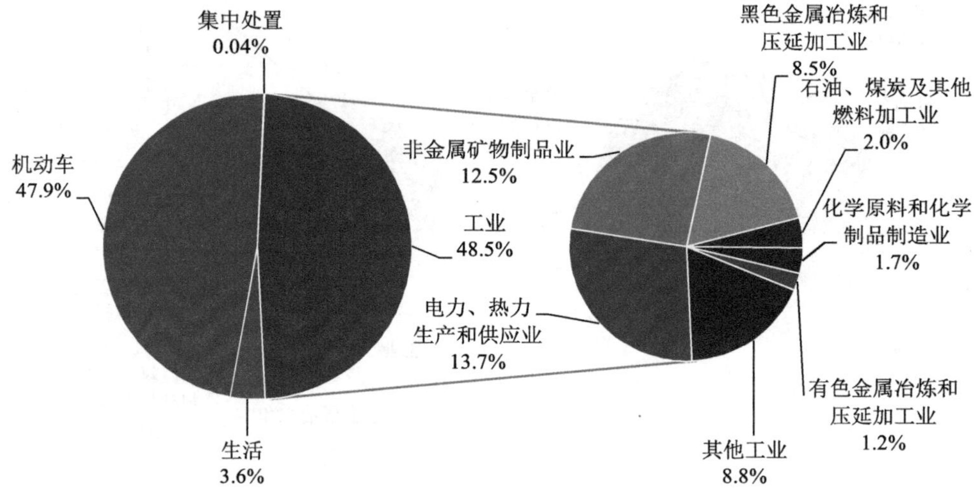

图 5-3 我国氮氧化物排放行业分布

电力、热力生产和供应业、黑色金属冶炼及压延加工业和非金属矿物制品业是工业大气污染物排放的主要行业。2018 年，烟（粉）尘排放量位于前 3 位的工业行业依次为黑色金属冶炼及压延加工业，非金属矿物制品业，电力、热力生产和供应业，3 个行业共排放烟（粉）尘 338.3 万 t，占重点调查工业企业烟（粉）尘排放量的 66.1%。2018 年，调查统计的 41 个工业行业中，二氧化硫排放量位于前 3 位的工业行业依次为电力、热力生产和供应业，非金属矿物制品业，黑色金属冶炼及压延加工业，3 个行业共排放二氧化硫 266.1 万 t，占重点调查工业企业二氧化硫排放总量的 57.5%。2018 年，氮氧化物排放量位于前 3 位的工业行业依次为电力、热力生产和供应业，非金属矿物制品业，黑色金属冶炼及压延加工业，3 个行业共排放氮氧化物 408.6 万 t，占重点调查工业企业氮氧化物排放总量的 72%。

5.2 电力行业主要大气污染物排放控制可行技术评估

5.2.1 烟尘

5.2.1.1 排放控制现状

2018 年，随着我国火电行业超低排放改造工作的推进，我国火电行业烟（粉）尘排放量约 13.5 万 t，较 2014 年下降 86%；烟尘平均排放绩效约为 0.027 g/（kW·h），比 2014 年下降约 88%。

目前，广泛应用的除尘技术包括电除尘技术、电袋复合除尘技术、袋式除尘技术等。2014 年，电除尘器、袋式除尘器、电袋复合除尘器分别占全国煤电机组容量的约 77.1%、9.1%（约 0.75 亿 kW）、13.8%（约 1.14 亿 kW），当年对约 2.4 亿 kW 在役燃煤机组实施除尘改造，初步统计 2014 年煤电平均除尘效率≥99.75%，比 2013 年提高约 0.1%。2015 年煤电装机采用电除尘器、袋式除尘的比例分别约为 69%、31%。平均除尘效率由 1985 年的 90.6%提高至 2015 年的 99.9%以上。截至 2019 年，全国煤电超低排放规模占总煤电规模的 86%。

5.2.1.2 污染防治可行技术

目前，广泛应用的除尘技术包括电除尘技术、电袋复合除尘技术、袋式除尘技术等。2014 年，按照修订后的《火电厂大气污染物排放标准》（GB 13223—2011），燃煤电厂除尘设施进行了大范围改造，大量新改扩建机组采用低低温电除尘、湿式电除尘、电袋复合除尘、移动电极电除尘等高效除尘技术。随着火力发电烟气污染物排放标准的日益严格，新环保法的实施以及日益严格的监管，长期可靠地保持低排放的先进除尘技术将进入快速规模化应用时期。

电除尘器运行可靠、维护费用低、设备阻力小、除尘效率高，但除尘效率和出口烟尘浓度易受煤、飞灰等成分变化的影响。“十二五”期间，通过优化工况条件，改变除尘工艺路线，解决反电晕和二次扬尘等方面的大量研究，开发出了大批高效新型电除尘技术，使电除尘技术适应范围显著扩大、除尘效率持续提高。

低低温电除尘技术、湿式电除尘技术、移动电极电除尘技术、机电多复式双区电除尘技术、电凝聚技术、高频电源和脉冲电源技术是近几年发展较快的电除尘技术，这些技术与常规电除尘技术或常规电源技术相比除尘效率有了较大的提升，目前均已有实际投入运营案例，且长期运行测试证明这些技术是稳定可靠的。

电袋复合除尘器是将电除尘的荷电除尘及袋除尘的过滤拦截有机结合的一种新型高效除尘器，按照结构可分为整体式电袋复合除尘器、嵌入式电袋复合除尘器和分体式电袋除尘器。电袋复合除尘器有机结合了电除尘器和袋式除尘器的优点，它具有长期稳定的低排放、运行阻力低、滤袋使用寿命长、运行维护费用低、适用范围广及经济性好的优点，比袋式除尘器可达到更低的出口排放浓度，根据实际工程经验，可以实现 5 mg/m^3 以下的超低排放。

袋式除尘器具有长期稳定的高效率低排放、运行维护简单、煤种适用范围广的优点，并能实现超低排放。电力行业最常用的袋式除尘器按清灰方式可分为低压回转脉冲喷吹袋式除尘器和中压脉冲喷吹袋式除尘器。随着火力发电污染物排放标准的日趋严格，袋式除尘器在滤料、清灰方式等方面均有改进，尤其是滤料在强度、耐温、耐磨以及耐腐蚀等方面综合性能有大幅提高，袋式除尘器已成为电力环保烟尘治理的主流除尘设备之一，并且应用规模逐年稳定增长。

通过系统研究各类烟气除尘技术的技术原理、技术特性和适用条件、国内外技术的发展和应用现状、相关工艺参数及最佳可达除尘效果，得到各类除尘技术的适用条件和最佳可行除尘效果，见表 5-1。

表 5-1 除尘工艺最优控制水平

<table>
<tr><th colspan="2">名称</th><th>出口浓度/（mg/m^3）</th><th>去除效果</th><th>备注</th></tr>
<tr><td rowspan="2">干式除尘器</td><td>常规电除尘器</td><td>50</td><td>99.2%～99.85%</td><td>一般与湿法脱硫配合使用，协同除尘效果 70%</td></tr>
<tr><td>低低温电除尘器</td><td>20</td><td>99.2%～99.9%</td><td></td></tr>
<tr><td colspan="2" rowspan="3">湿式电除尘</td><td rowspan="3">5～10</td><td>70%～80%</td><td>极板湿式电除尘器，1 个电场</td></tr>
<tr><td>90%</td><td>2 个电场</td></tr>
<tr><td>70%～85%</td><td>蜂窝式湿式电除尘器</td></tr>
</table>

<table>
<tr><th colspan="2">名称</th><th>出口浓度/（mg/m³）</th><th>去除效果</th><th>备注</th></tr>
<tr><td rowspan="4">电袋复合除尘</td><td>整体式电袋复合除尘器</td><td>20</td><td rowspan="4">99.5%～99.99%</td><td rowspan="2"></td></tr>
<tr><td>分体式电袋除尘器</td><td>30</td></tr>
<tr><td>超净电袋复合技术</td><td>10</td><td>超净电袋复合除尘器与湿法脱硫装置组合</td></tr>
<tr><td>耦合增强电袋复合除尘技术</td><td>5</td><td></td></tr>
<tr><td colspan="2" rowspan="3">袋式除尘器</td><td>30</td><td rowspan="3">99.5%～99.99%</td><td>常规针刺毡，过滤风速小于 1 m/min</td></tr>
<tr><td>20</td><td>常规针刺毡，过滤风速小于 0.9 m/min</td></tr>
<tr><td>10</td><td>高精过滤滤料，过滤风速小于 0.8 m/min</td></tr>
</table>

5.2.2　二氧化硫

5.2.2.1　排放控制现状

电力行业 SO_2 排放控制工作一直是我国大气污染防治的重点，近年来在总量减排和新的火电行业排放标准的双重压力下，电力行业 SO_2 排放量持续下降。2018 年，我国火电行业二氧化硫排放量约 68.5 万 t，较 2015 年下降 87%；二氧化硫平均排放绩效约 0.14 g/（kW·h），比 2015 年下降约 89%。

烟气脱硫是控制火力发电厂 SO_2 排放的主要途径之一，其技术成熟、运行可靠。目前世界上用于烟气脱硫的工艺主要有石灰石-石膏湿法、半干法、烟气 CFB 干法、海水法、电子束法、氨水洗涤法等。其中，石灰石-石膏湿法脱硫具有脱硫效率高、吸收剂来源丰富、价格低廉以及副产品可以回收利用等特点，是目前世界上燃煤电厂技术最成熟、使用业绩最多、运行状况较稳定的脱硫工艺，适用于任何煤种的烟气脱硫。一般脱硫效率不低于 95%。

5.2.2.2　污染防治可行技术

按脱硫产物的干湿形态，烟气脱硫可分为湿法、半干法和干法工艺。湿法脱硫工艺包括用钙基、钠基、镁基、海水和氨作为吸收剂，其中石灰石（石灰）-石膏湿法脱硫是目前使用最广泛的湿法脱硫技术；半干法主要是喷雾干燥技术；

干法脱硫工艺主要是喷吸收剂工艺，按所用吸收剂不同可分为钙基和钠基工艺，吸收剂可以干态、湿润态或浆液喷入。

当前电力行业烟气脱硫技术中以石灰石-石膏湿法脱硫工艺为主。石灰石-石膏湿法脱硫技术成熟度高，堵塞、腐蚀等负面影响因素可控，运维成本低，脱硫塔内调节手段较多，可根据入口烟气条件和排放要求，通过改变物理传质系数或化学吸收效率等多种手段调节脱硫效率，保持长期稳定运行并实现达标排放。因此，石灰石-石膏湿法脱硫技术对煤种、负荷变化均具有较强的适应性，对 SO_2 浓度低于 12 000 mg/m^3 的燃煤烟气均可实现 SO_2 达标（100 mg/m^3 或 50 mg/m^3）。

其他脱硫方法还包括循环流化床法脱硫、海水脱硫、氨法脱硫、有机胺脱硫等，但因其工艺特性或原料要求等外部条件使得应用范围受到一定限制（表 5-2）。

表 5-2　SO_2 控制技术特征

脱硫技术	控制效果	优点	缺点	对其他污染物去除效果
石灰石-石膏湿法	电力行业脱硫效率不低于 95%；燃煤锅炉管理水平较低，脱硫效率 80%	应用最广，脱硫效率高、吸收剂来源丰富、价格低廉以及副产品可以回收利用	不能去除二噁英等污染物	可协同去除 Hg
湿式氨法脱硫	脱硫效率 85%以上	脱硫副产物硫酸铵可做农用肥，不产生废水和其他废物，脱硫率高	脱硫副产物硫酸铵质量以及氨储运安全、氨逃逸等问题有待解决	
循环流化床工艺	循环流化床烟气脱硫的效率较低，为 70%～85%	综合造价低，占地面积小，系统简单，水耗低，运行及维护费用低，基本不需要考虑防腐问题	对吸收剂 CaO 品质要求高，价格贵，难获得；脱硫灰难以综合利用	可去除 HF、HCl、SO_3、SO_2、汞和烟尘等多种污染物
海水脱硫技术	脱硫效率在 90%以上	工艺比较简单，投资及运行费用较低，不存在脱硫产生的废弃物处理问题，且脱硫效率较高	排放的脱硫废水对海洋生态环境产生影响	可去除 HCl、HF、颗粒物和重金属（如 Hg）
氧化镁法	脱硫效率可达 95%～98%以上	脱硫效率高、投资费用少、运行费用低、运行可靠、副产物利用前景广阔，且没有二次污染	氧化镁市场价格较高、供应来源较少	

通过系统研究各类烟气脱硫技术的技术原理、技术特性和适用条件、国内外技术的发展和应用现状、相关工艺参数及最佳可达控制效果。总结各类烟气脱硫技术的适用条件和最佳可行控制效果，见表 5-3 和表 5-4。其中超低技术主要包括基于传统石灰石-石膏湿法脱硫技术开发的各类提效技术，包括双循环脱硫工艺、复合塔技术、单塔双区技术、旋汇耦合湿法脱硫技术等。

表 5-3　不同脱硫技术最优控制水平

<table>
<tr><th colspan="2">名称</th><th>出口浓度/（mg/m³）</th><th>去除效果</th><th>适用条件</th></tr>
<tr><td colspan="2">石灰石-石膏湿法</td><td>50～100</td><td>95%～98%</td><td></td></tr>
<tr><td rowspan="4">基于石灰石-石膏湿法脱硫工艺的超低排放技术</td><td>传统脱硫技术提效</td><td>35</td><td>98%</td><td>入口浓度小于 1 000 mg/m³ 的低低硫煤</td></tr>
<tr><td>双循环脱硫工艺</td><td>35</td><td>98%</td><td>入口浓度 1 000～2 000 mg/m³ 的低硫煤、2 000～6 002 mg/m³ 的中硫煤、6 000 mg/m³ 以上的高硫煤</td></tr>
<tr><td>复合塔脱硫技术</td><td>35</td><td>98%</td><td>入口浓度 1 000～2 000 mg/m³ 的低硫煤、2 000～6 001 mg/m³ 的中硫煤</td></tr>
<tr><td>单塔双区技术</td><td>35</td><td>98%</td><td>入口浓度 1 000～2 000 mg/m³ 的低硫煤、2 000～6 002 mg/m³ 的中硫煤、6 000 mg/m³ 以上的高硫煤</td></tr>
<tr><td colspan="2">烟气循环流化床</td><td>100</td><td>95%</td><td></td></tr>
<tr><td colspan="2">氨法脱硫</td><td>35～50</td><td>98%</td><td>制酸行业的硫回收、中小型煤粉炉</td></tr>
<tr><td colspan="2">海水脱硫</td><td>35～50</td><td>99%</td><td>硫分不高于 1 的较好海域扩散条件的滨海电厂可作为超低技术</td></tr>
<tr><td colspan="2">镁法脱硫</td><td>100</td><td>95%</td><td></td></tr>
</table>

表 5-4　火电厂 SO_2 超低排放最佳可行技术

<table>
<tr><th>SO_2 入口浓度/（mg/m³）</th><th>地域</th><th>单机容量/MW</th><th>炉型</th><th>超低排放可行技术（排放浓度≤35 mg/m³）</th></tr>
<tr><td>≤2 000</td><td>沿海地区</td><td>300～1 000</td><td>煤粉炉</td><td>海水脱硫</td></tr>
<tr><td>3 000～10 000</td><td>电厂周围 200 km 内有稳定氨源</td><td>≤300</td><td>煤粉炉</td><td>氨法脱硫</td></tr>
<tr><td rowspan="2">≤1 000</td><td rowspan="5">所有地区</td><td rowspan="5">所有容量</td><td>煤粉炉</td><td rowspan="2">传统空塔喷淋</td></tr>
<tr><td>CFB</td></tr>
<tr><td rowspan="2">1 000～6 000</td><td>煤粉炉</td><td rowspan="2">复合塔喷淋
空塔 pH 分区</td></tr>
<tr><td>CFB</td></tr>
<tr><td>＞6 000</td><td>煤粉炉</td><td>空塔 pH 分区
旋汇耦合</td></tr>
</table>

5.2.3 氮氧化物

5.2.3.1 排放控制现状

2018 年，我国火电行业氮氧化物排放量约 119.5 万 t，较 2015 年下降 78%；氮氧化物平均排放绩效约 0.24 g/（kW·h），比 2015 年下降约 82%。

目前，燃煤电厂 NO_x 排放控制技术主要分为生成源控制和烟气脱硝技术两类。2014 年火电行业脱硝工艺主要是选择性催化还原法（SCR），约占总容量的 95.0%；其次为非选择性催化还原法（SNCR）（约 2.7%）、SNCR+SCR 和 CFB 锅炉循环氧化吸收法（COA）（约 2.3%）。2014 年，全国现役燃煤机组实施脱硝改造约 2.6 亿 kW，全国已投运火电厂烟气脱硝机组容量约 6.9 亿 kW，占煤电机组容量的比例由 2005 年的约 0.9%提高到约 83.2%。2015 年，全国火电脱硝总机组增至 8.7 亿 kW，脱硝机组占全国煤电总装机容量进一步提高到约 92%。截至 2019 年，全国煤电超低排放规模占总煤电规模的 86%。

5.2.3.2 污染防治可行技术

目前，燃煤电厂 NO_x 排放控制技术主要分为生成源控制和烟气脱硝技术两类。生成源控制又称一次措施，其特征是通过各种技术手段控制燃烧过程中 NO_x 的生成，主要有低氮燃烧（LNB）技术、空气分级（LEA、OFA、AS）技术、燃料再燃（FR）技术、富氧燃烧（OIOA）技术等。低 NO_x 燃烧技术应用成本较低，但小机组的 NO_x 生成率较高，且对锅炉存在一定负面影响。烟气脱硝技术是指对烟气中已经生成的 NO_x 进行治理，主要包括选择性催化还原法（selective catalytic reduction，SCR）、选择性非催化还原法（selective non-catalytic reduction，SNCR）、SNCR/SCR 联合烟气脱硝、等离子体法、直接催化还原分解法、生物质活性炭吸附法等。

低氮燃烧技术是通过优化燃料在炉内的燃烧状况或采用低氮燃烧器来减少 NO_x 产生的控制技术，主要包括低过量空气燃烧、燃料分级燃烧、空气分级燃烧、烟气再循环技术等。该技术特点是锅炉改造容易、投资的费用相对较少，但由于其氮氧化物减排效果的限制，单独使用很难满足较为严格的 NO_x 控制要求。

SCR 脱硝技术是目前最成熟、实用业绩最多的一种烟气脱硝工艺。目前我国新建、现役煤粉炉主要采用 SCR 技术。在几种主要脱硝技术中，SCR 的脱硝效率最高，基于反应器和催化剂的合理选型和优化布置情况下脱硝效率最高可达 90% 以上，是目前世界上商业化应用最多、最为成熟的氮氧化物控制技术。

SNCR 技术由于不需要催化剂和催化塔，技术具有建设周期短、投资少、对锅炉改造方便、技术成熟等特点。据统计，其脱硝效率（30%～50%）未能达到现阶段 NO_x 的控制需求，因此常与低 NO_x 技术协同应用。SNCR 脱硝技术的实际应用受到锅炉设计和运行条件的种种限制，且存在反应温度范围窄、炉内混合不均匀、工况变化波动影响大以及 NH_3 逃逸和 N_2O 排放等问题，很大程度上影响其工业应用。

通过系统研究各类氮氧化物污染防治技术的技术原理、技术特性和适用条件、国内外技术的发展和应用现状、相关工艺参数及最佳可达控制效果，总结各类氮氧化物污染防治技术的适用条件和最佳可行控制效果，见表 5-5、表 5-6。

表 5-5　不同 NO_x 污染防治技术最优控制水平

氮氧化物控制技术	出口浓度/（mg/m^3）	去除效果	适用范围
低氮燃烧	350	50%	烟煤
SCR	50～200	90%	依据催化剂层数变化
SNCR	100～300	30%～50%	用于中小型煤粉炉
	50	40%～75%	用于循环流化床
	50	70%	循环流化床采用 SNCR+催化氧化吸收
SNCR/SCR 联合烟气脱硝	50～100		用于煤粉炉
	50		用于循环流化床

表 5-6　超低排放可行技术汇总

燃烧方式	煤种		锅炉容量/MW	最大生成浓度/（mg/m^3）	超低排放可行技术（排放浓度≤50 mg/m^3）
	无烟煤		全部	850	无成熟技术
切向燃烧	贫煤		全部	800	
	烟煤	20%≤V_{daf}≤28%	≤100	400	低氮燃烧+SCR（3+1）或 SNCR/SCR 联合脱硝（300 MW 及以下机组）
			200	350	
			300	320	
			≥600	290	

<table>
<tr><th>燃烧方式</th><th colspan="2">煤种</th><th>锅炉容量/MW</th><th>最大生成浓度/（mg/m³）</th><th>超低排放可行技术（排放浓度≤50 mg/m³）</th></tr>
<tr><td rowspan="12">切向燃烧</td><td rowspan="8">烟煤</td><td rowspan="4">28%≤V_{daf}≤37%</td><td>≤100</td><td>300</td><td rowspan="3">低氮燃烧+SCR（3+1）或 SNCR/SCR 联合脱硝（300 MW 及以下机组）</td></tr>
<tr><td>200</td><td>290</td></tr>
<tr><td>300</td><td>240</td></tr>
<tr><td>≥600</td><td>200</td><td>低氮燃烧+SCR（2+1）</td></tr>
<tr><td rowspan="4">37%<V_{daf}</td><td>≤100</td><td>290</td><td rowspan="2">低氮燃烧+SCR（3+1）或 SNCR/SCR 联合脱硝（300 MW 及以下机组）</td></tr>
<tr><td>200</td><td>240</td></tr>
<tr><td>300</td><td>200</td><td rowspan="2">低氮燃烧+SCR（2+1）</td></tr>
<tr><td>≥600</td><td>180</td></tr>
<tr><td colspan="2" rowspan="4">褐煤</td><td>≤100</td><td>300</td><td rowspan="2">低氮燃烧+SCR（3+1）或 SNCR/SCR 联合脱硝（300 MW 及以下机组）</td></tr>
<tr><td>200</td><td>260</td></tr>
<tr><td>300</td><td>200</td><td rowspan="2">低氮燃烧+SCR（2+1）</td></tr>
<tr><td>≥600</td><td>200</td></tr>
<tr><td rowspan="5">墙式燃烧</td><td colspan="2">贫煤</td><td>全部</td><td>650</td><td>无成熟技术</td></tr>
<tr><td rowspan="3">烟煤</td><td>20%≤V_{daf}≤28%</td><td rowspan="3">全部</td><td>450</td><td rowspan="4">低氮燃烧+SCR（3+1）</td></tr>
<tr><td>28%≤V_{daf}≤37%</td><td>380</td></tr>
<tr><td>37%<V_{daf}</td><td>260</td></tr>
<tr><td colspan="2">褐煤</td><td>全部</td><td>260</td></tr>
<tr><td rowspan="2">W 火焰</td><td colspan="2">无烟煤</td><td>全部</td><td>900</td><td rowspan="2">无成熟技术</td></tr>
<tr><td colspan="2">贫煤</td><td>全部</td><td>800</td></tr>
<tr><td rowspan="2">CFB</td><td colspan="2">烟煤、褐煤</td><td>全部</td><td>150</td><td>低氮燃烧+SNCR</td></tr>
<tr><td colspan="2">无烟煤、贫煤</td><td>全部</td><td>200</td><td>低氮燃烧+SNCR/SCR 联合脱硝</td></tr>
</table>

5.3 钢铁行业主要大气污染物排放控制可行技术评估

5.3.1 烟（粉）尘

5.3.1.1 排放控制现状

2018 年，我国钢铁行业烟尘排放量 48.7 万 t，与 2015 年相比降低了 24.3%；吨钢烟（粉）尘排放量为 0.52 kg，与 2015 年相比下降 35%。钢铁行业应用的烟尘污染控制技术有袋式除尘、电除尘、湿法除尘、机械式除尘、电袋复合除尘技术等。目前，袋式除尘是我国钢铁行业中应用最广泛的除尘技术，占 95%，其次为电除尘器约占 4.0%、此外还有少量湿法除尘、机械式除尘等。

5.3.1.2　污染防治可行技术

钢铁行业应用的烟尘污染控制技术有袋式除尘、电除尘、湿法除尘、机械式除尘、电袋复合除尘技术等。袋式除尘主要应用于原料、焦化、石灰、高炉槽上槽下、出铁场、铁水预处理、铸铁机、转炉二次除尘、炼钢电炉、轧钢等工序的尘源点除尘。随着国家对钢铁行业环保要求的不断提高，颗粒物外排浓度限值越来越严苛，湿法除尘、机械式除尘基本退出末端治理舞台。湿法除尘主要应用在转炉一次除尘，机械式除尘主要用于高炉煤气干法除尘预处理环节，电除尘器在钢铁行业的应用比例也在不断减少。目前我国电除尘器由于工艺需要主要集中应用在烧结（球团）机头烟气除尘和少数大型转炉一次烟气除尘。电袋复合除尘器整合了电除尘器耐高温和袋除尘器除尘效率高的优势，在烧结烟气除尘方面和现有电除尘改造方面有所应用。

（1）袋式除尘器

袋式除尘器除尘效率高，能达到 99.9%～99.99%，且运行稳定，不受粉尘比电阻的影响，也不受粉尘种类、浓度（可处理浓度高达 1 000 g/m^3 的粉尘）、粒径的限制，能适应工艺工况和负荷大的变化。处理风量范围大且灵活，可小到 1 000 m^3/h，大到 200 万 m^3/h 以上，占地面积也相对较小。当需要维护检修、更换滤袋时，可随时分室进行过滤而不停机。袋式除尘高效稳定，排放浓度（标态）在 20 mg/m^3 以下甚至可达到 5 mg/m^3，可大量回收有用的原料及其他物料。因此，袋式除尘器在钢铁行业中得到了广泛的应用。

（2）电除尘器

电除尘器效率较高，能达到 99.0%，耐温高达 350℃，阻力小，为 200～300 Pa，处理风量大，达到 100 万 m^3/h 以上。由于其适用粉尘比电阻范围为 10^4～10^{10} Ω·cm，受粉尘理化性质变化影响较大，不能适应工艺工况和负荷大的变化；钢铁行业粉尘、烟尘种类繁多，比电阻变化大，很多比电阻超出其适用范围，且有的工艺工况变化大，从而导致其除尘效率不稳定，常会降至 90%以下，以致排放浓度易波动，很难在不同的工况条件下长期保持排放浓度低于 50 mg/m^3。因此，电除尘器在钢铁行业应用较少，目前我国烧结（球团）机头烟气除尘均采用电除尘器，少数大型转炉一次烟气采用了干法电除尘器。

（3）湿法除尘器

湿法除尘器由于需水量大，产生二次水污染，需要配套水处理设施，除在清洁生产环节的煤气净化采用外（二文一塔湿法除尘器），其他地方已基本被淘汰；机械式除尘器由于除尘效率较低，除在特定场合作为初级除尘或物料回收装置外，基本不用在末端治理。

（4）电袋复合除尘器

电袋复合除尘器整合了电除尘器耐高温和袋除尘器除尘效率高的优势，在烧结烟气除尘方面和现有电除尘改造方面有所应用。

通过系统研究各类烟气除尘技术的技术原理、技术特性和适用条件、国内外技术的发展和应用现状、相关工艺参数及最佳可达除尘效果，总结各类除尘技术的适用条件和最佳可行除尘效果，见表 5-7。

表 5-7 不同除尘工艺最优控制水平

名称	出口浓度/（mg/m^3）	去除效果	备注
袋式除尘	30	99.9%	除烧结机头以外烧结工艺其他尘源点，过滤风速以 1～1.1 m/min 为宜
	30	99.5%	耐高温的针刺毡或复合滤料；烟气进入布袋前应经过预喷涂处理，过滤风速 0.8～1.2 m/min
	20	99.5%～99.99%	滤料材质以涤纶针刺毡为主。袋式除尘器的过滤风速为 0.8～2 m/min，前置烟气捕集装置
	20	＞99%	脉冲袋式除尘的过滤风速通常为 0.5～2 m/min；烟气温度低于 120℃时，可选用涤纶绒布和涤纶针刺毡；烟气温度为 120～250℃时，可选用石墨化玻璃丝布；为进一步提高除尘效率，还可选用覆膜滤料，该技术适用于轧钢工艺冷轧工序干式平整机、拉矫机、焊机、抛丸机、修磨机等设备的除尘，以及钢管穿孔吹氮喷硼砂工序中产生的硼砂粉尘、矫直及精整吸灰等的除尘

名称	出口浓度/（mg/m^3）	去除效果	备注
电除尘	50	99.9%	适用于烧结、球团厂除尘系统，尤其是烧结机头、球团高温段烟尘治理，用于烧结电场数宜不少于 4 个
电袋复合除尘	30	99.5%～99.99%	适用于除烧结机头、球团高温烟气段以外的所有除尘系统，尤其适用于原有电除尘器增效改造
LT 干法除尘	20	99.9%	适用于炼钢工艺 80 t 及以上规模的转炉一次烟气治理和煤气净化回收
第四代 OG 系统除尘	10	99.5%	适用于炼钢工艺转炉一次烟气除尘和煤气净化回收，转炉煤气在使用前采用静电除尘器进一步除尘
塑烧板除尘	10～20	＞99%	烟温低于 200℃，过滤风速 0.8～2 m/min，设备阻力 1 300～2 200 Pa；采用 0.4～0.6 MPa 压缩空气反吹清灰。适用于轧钢工艺热轧工序火焰清理机及精轧机等设备的除尘

5.3.2　二氧化硫

5.3.2.1　排放控制现状

2018 年钢铁行业二氧化硫排放量约为 44.2 万 t，与 2015 年相比下降了 45%；吨钢二氧化硫排放量为 0.48 kg，较 2015 年下降了 52%。钢铁行业应用的 SO_2 污染控制技术有烧结脱硫技术以及焦炉煤气脱硫技术。烧结脱硫技术包括湿法、半干法和干法脱硫三种工艺。其中，湿法脱硫技术包括石灰石/石灰-石膏法、镁法、氨-硫铵法、双碱法等；半干法脱硫技术包括循环流化床法（CFB）、喷雾干燥法（SDA）、密相干塔法、新型脱硫除尘一体化技术（NID）法等；干法脱硫技术包括活性炭法（AC）、高性能烧法废气净化（MEROS）法等脱硫工艺技术。目前脱硫多以石灰石/石灰-石膏湿法技术为主，其次是半干法脱硫技术，最后是干法脱硫技术。焦炉煤气脱硫目前主要采取煤气脱硫（HPF）法及真空碳酸钾法。

5.3.2.2 污染防治可行技术

我国烧结烟气脱硫技术中，按脱硫产物的干湿形态可分为湿法、半干法和干法工艺。湿法脱硫工艺包括用钙基、钠基、镁基、海水和氨作为吸收剂，其中石灰石（石灰）-石膏湿法脱硫是目前使用最广泛的湿法脱硫技术。半干法主要是喷雾干燥技术。干法脱硫工艺主要是喷吸收剂工艺，按所用吸收剂不同可分为钙基和钠基工艺，吸收剂可以干态、湿润态或浆液喷入。石灰石/石灰-石膏法因具有技术成熟、效率较高（>90%）、运行可靠、操作简单、烟气中的粉尘对脱硫过程影响小，以及原料来源丰富、成本低廉、运行可靠和钙利用率高（>90%）等优点，其装机容量占现有工业脱硫装置总容量的85%。焦炉煤气脱硫目前主要采取HPF法及真空碳酸钾法（表5-8）。

表5-8 SO_2控制技术特征

脱硫技术	控制效果	优点	缺点	对其他污染物去除效果
石灰石-石膏湿法	脱硫效率一般可达95%以上	技术成熟、效率较高、运行可靠、操作简单、烟气中的粉尘对脱硫过程影响小、原料来源丰富、成本低廉、运行可靠和钙利用率高	不能去除二噁英等污染物	氟化物、氯化物脱除率大于95%
氨法脱硫	脱硫效率可达95%以上	反应速度快，吸收剂利用率高，脱硫效率高，结构简单，占地面积小；吸收操作简单，日常维护量少，操作环境佳；副产品为高效化肥，市场容量大，氨水法脱硫不产生二次污染，无废渣、废气排放	废水排放存在氨损失等问题，系统需注重防腐。作为吸收剂的氨价格较高，脱硫成本高。不能去除重金属、二噁英等污染物	氟化物、氯化物脱除率大于95%
循环流化床法脱硫技术	烧结机机头烟气采用循环流化床脱硫技术，脱除率可达到90%以上	综合造价低，占地面积小，系统简单，水耗低，运行及维护费用低，基本不需要考虑防腐问题	对吸收剂CaO品质要求高，价格贵，难获得；脱硫灰难以综合利用	可去除HF、HCl、SO_3、SO_2、汞和烟尘等多种污染物

脱硫技术	控制效果	优点	缺点	对其他污染物去除效果
喷雾干燥法	脱硫效率在90%以上	工艺比较简单，投资及运行费用较低，不存在脱硫产生的废弃物处理问题，且脱硫效率较高	排放的脱硫废水对海洋生态环境产生影响	可去除 HCl、HF、颗粒物和重金属（如 Hg）
活性炭吸附法	脱除率可达95%以	该技术具有同时脱除多种污染物的效果，能够回收硫资源，达到较高的脱除效果	对吸附二噁英的活性炭，应进行无害化处理处置	可去除二噁英多种污染物
镁法	95%以上	技术成熟、投资小、作业稳健、副产物可回收利用、脱硫效率高、投资费用少、运行费用低、运行可靠、副产物利用前景广阔，且没有二次污染	氧化镁市场价格较高、供应来源较少	
双碱法	90%以上	对水泵、管道、设备均无腐蚀与堵塞现象，便于设备运行与保养；避免了塔内堵塞和磨损，提高了运行的可靠性，降低了操作费用；对脱硫除尘一体化而言，可提高石灰的利用率	需不断补充 NaOH 或 Na_2CO_3 而增加碱的消耗量；另外，Na_2SO_4 的存在也将降低石膏的质量	

焦炉煤气脱硫目前主要采取 HPF 法及真空碳酸钾法。HPF 法工艺流程主要为：经鼓风机加压后的煤气进入预冷塔，在塔内被冷却至 30～35℃。预冷后的煤气进入脱硫塔，与塔顶喷淋下来的脱硫液逆流接触以吸收煤气中的硫化氢。真空碳酸盐法脱硫是用碳酸钠作为碱液在吸收塔内脱除煤气中 H_2S 和 HCN，净化煤气，后再将生成的 NaHS 溶液送到再生塔内解析出 H_2S 和 HCN 等酸性气体，Na_2CO_3 溶液循环利用。两种技术相比，真空碳酸盐法相对脱硫效率较高。由于各排放指标的进一步收严，目前很多焦化企业现有焦炉单级 HPF 脱硫设施难以实现稳定达标，已有企业采用多级 HPF 脱硫设施进一步提高 H_2S 脱除效率。

通过系统研究各类烟气脱硫技术的技术原理、技术特性和适用条件、国内外技术的发展和应用现状、相关工艺参数及最佳可达控制效果，得出各类烟气脱硫技术的适用条件和最佳可行控制效果，见表 5-9。

表 5-9 不同脱硫技术最优控制水平

名称	出口浓度/（mg/m^3）	去除效果	适用条件
石灰石-石膏湿法	＜100	98%以上	
循环流化床法脱硫	60～90	93%	适于 2 000 mg/m^3 以下中低 SO_2 浓度的烧结机
喷雾干燥法	83	90.6%	适于处理烟气量大、浓度较低的废气；SO_2 进口浓度宜在 1 500 mg/m^3 以下
LJS 型烧结烟气干法脱硫	30～380	大于 93%	SO_2 进口浓度宜在 5 000 mg/m^3 以下
活性炭吸附法	—	95%	SO_2 进口浓度宜在 3 000 mg/m^3 以下
NID 烟气脱硫	＜100	90%	进口浓度 1 000～2 000 mg/m^3
MEROS	142	81%	脱硫剂为 CaO 时 30%～80%；脱硫剂为 $NaHCO_3$ 时＞90%
密相干塔法	100	90%	进口浓度为 1 000 mg/m^3

5.3.3 氮氧化物

5.3.3.1 排放控制现状

2018 年我国钢铁行业氮氧化物排放量为 58.3 万 t，与 2015 年相比下降了 44%；吨钢氮氧化物排放量为 0.63 kg，较 2015 年下降 35%。

5.3.3.2 污染防治可行技术

钢铁行业现有的脱硝工艺有活性炭吸附法、SCR、SNCR、液体吸收法、微生物法、电子束法。对于烧结烟气中氮氧化物的末端处理主要包括活性炭吸附法和选择性催化还原法等。SCR 技术能够达到 80%～90%的 NO_x 脱除率，可以满足 NO_x 更高要求的排放标准，是目前最经济可靠的脱硝技术（表 5-10）。

表 5-10 NO_x 控制技术特征

脱硝技术	实用性及特点	优缺点	效率	投资
活性炭吸附法	适合烟气量较小	同时脱硫脱硝，吸收 NO_x 和 SO_2，运行费用低；吸收剂用量多，设备庞大，一次脱硫脱硝效率低，再生频繁	40%	高

脱硝技术	实用性及特点	优缺点	效率	投资
SCR	适合烟气量大的连续排放源	二次污染小，净化效率高，技术成熟；设备投资高，关键技术难度大	80%～90%	较高
SNCR	适合烟气量大的连续排放源	不用催化剂，设备和运行费用少；NH_3用量大，存在氨逃逸二次污染，难以保证反应温度和停留时间	30%～60%	较低
液体吸收法	适合烟气量很小的连续排放源	工艺设备简单，投资小，效率低，副产物不易处理	效率低	较低
微生物法	适用范围大	工艺设备简单，能耗及处理费用低，效率高，无二次污染；微生物环境条件难以控制，仍处于研究阶段	80%	低
电子束法	适用范围较大	同时脱硫脱硝，无二次污染；运行费用高，关键设备技术含量高，不易掌握	85%	高

通过系统研究各类氮氧化物污染防治技术的技术原理、技术特性和适用条件、国内外技术的发展和应用现状、相关工艺参数及最佳可达控制效果。总结各类氮氧化物污染防治技术的适用条件和最佳可行控制效果，见表 5-11。

表 5-11 不同 NO_x 污染防治技术最优控制水平

氮氧化物控制技术	出口浓度/（mg/m^3）	去除效果	适用范围
低氮燃烧器	250～400	30%～60%	烟煤
SCR	＜200	80%～90%	依据催化剂层数变化
	＜100	95%	半干法-旋转喷雾法（SDA）+SCR
SNCR		低于 60%	循环流化床锅炉多选用 SNCR 脱硝
活性炭吸附法	101	61	450 m^2 烧结机烟气处理中
SCR/SNCR	＜200	＞60%	进口浓度 700 mg/m^3 以下
光催化技术		90%	对高浓度 NO_x 脱除效率不高
S-SCR 技术	50	90%	

5.4 水泥行业主要大气污染物排放控制可行技术评估

5.4.1 烟（粉）尘

5.4.1.1 排放控制现状

目前，全国水泥工业已进入新型干法水泥生产时代，新型干法水泥生产熟料产能占比达 99%以上。2018 年我国水泥行业烟尘排放量约 51 万 t，排放绩效约为 0.23 kg/t 熟料。水泥工业目前使用的除尘技术主要是覆膜袋式等高效除尘设施、袋式除尘、电除尘、电袋复合除尘等。2019 年发布的《工业炉窑大气污染综合治理方案》（环大气〔2019〕56 号）中要求水泥熟料窑窑头、窑尾配备覆膜袋式等高效除尘设施。《水泥工业大气污染物排放标准》（GB 4915—2013）中特别排放限值要求水泥窑及窑尾余热利用系统颗粒物排放浓度不超过 20 mg/m^3。

5.4.1.2 污染防治可行技术

水泥工业目前使用的除尘技术主要是布袋除尘、静电除尘以及电袋复合。水泥窑的窑头、窑尾采用布袋除尘器或静电除尘器均可，根据烟气性质，一般需要对烟气降温调质，采用增湿等措施将高温气体降到 150℃以下和适宜的比电阻（＜1 011 Ω·cm）。其他通风生产设备、扬尘点大多采用布袋除尘器。布袋除尘器的总体去除效果要优于静电除尘器，平均低 5 mg/m^3 左右（布袋除尘器：25.2 mg/m^3，静电除尘器：30.0 mg/m^3），但都能满足现行标准要求。标准提高后，需要对现有窑尾除尘设备进行技术改造，如布袋除尘器更换为玻纤覆膜或 P84 覆膜滤料；静电除尘器提效改造（如增加电场级数、提高高压电源性能、采用移动电极技术）或“电改袋”“电改为电袋复合”。

（1）布袋除尘

布袋除尘技术是利用纤维织物的过滤作用对含尘气体进行过滤，当含尘气体进入袋式除尘器后，颗粒大、比重大的颗粒物由于重力作用沉降下来，落入灰斗；含有较细小颗粒物的气体在通过滤料时，烟尘被阻留，使气体得到净化。该技术应针对不同工段与不同烟气性质选择不同的滤料，如普通通风除尘系统选用涤纶针刺毡；煤磨除尘器选用覆膜抗静电涤纶针刺毡；窑尾除尘器一般选用聚酰亚胺、玻纤覆膜、复合毡；窑头除尘器选用芳纶等。该技术除尘效率为 99.80%～99.99%，颗粒物排放浓度可控制在 30 mg/m^3 以下，运行费用主要源于滤袋更换和引风机电耗。

（2）静电除尘

电除尘技术是在电极上施加直流高电压后使气体电离，进入电场空间的颗粒物荷电后在电场力的作用下向相反电极的极板/线移动并沉积，通过振打将沉积的颗粒物落入灰斗而后去除。该技术除尘效率为 99.50%～99.97%，颗粒物排放浓度可控制在 30 mg/m^3 以下，运行费主要源于电耗。具有输出纹波小、平均电压电流高、体积小、重量轻、集成一体化结构、转换效率与功率因数高、采用三相平衡供电对电网影响小等特点。该技术适用于窑头、窑尾高温废气的颗粒物治理。

（3）电袋复合

电袋复合除尘器是在除尘器的前部设置一个除尘电场，发挥电除尘器在第一电场能收集 80%～90%粉尘的优点，收集烟气中的大部分粉尘；在除尘器的后部装设滤袋，使含尘浓度低的烟气通过滤袋，显著降低滤袋的运行阻力，延长清灰周期，缩短脉冲宽度，降低喷吹压力，延长滤袋的使用寿命，相应减少运行维护成本。电袋复合除尘技术特别适合于原有静电除尘器的改造，它充分结合了电、袋除尘的优点，除尘效率可达 99.80%～99.99%，颗粒物排放浓度小于 30 mg/m^3。该技术适用于窑头、窑尾高温废气的颗粒物治理。

（4）旋转电极式电除尘技术

旋转电极式电除尘技术采用旋转阳极板及转刷清灰，克服了常规电除尘器产生的反电晕和二次扬尘，清灰效果彻底，可进一步降低排放颗粒物浓度。目前，该技术尚处于试验阶段。该技术适用于高比电阻颗粒物的治理和旧电除尘器的改造。

通过系统研究各类烟气除尘技术的技术原理、技术特性和适用条件、国内外技术的发展和应用现状、相关工艺参数及最佳可达除尘效果，总结各类除尘技术的适用条件和最佳可行除尘效果，见表 5-12、表 5-13。

表 5-12 不同除尘工艺最优控制水平

名称	出口浓度/（mg/m^3）	去除效果	备注
袋式除尘	14.7	99.9%	窑头粉尘处理，进口浓度 40 g/m^3，材质为芳纶，烟气量为 31.5 万 m^3/h
	13.2	99.98%	窑头粉尘处理，材质采用玻纤覆膜，进口浓度为 80 g/m^3
电除尘	25	99.85%	5 个电场
	24	99.9%	5 个电场
电袋复合除尘	30	99.80%～99.99%	除尘器电场风速为 0.9～1.1 m/s，袋式除尘器过滤风速一般为 0.9～1.2 m/min，阻力应小于 1 500 Pa，漏风率应小于 3%，入口烟气温度应低于 200℃

表 5-13 水泥厂烟尘超低排放最佳可行技术

技术	特点	超低排放可行技术排放浓度/（mg/m^3）
布袋除尘	采用 PTFE 覆膜无缝滤袋	1.8
高效 LP 过滤	使用高效 LP 过滤元件，对现有除尘废气经行二次除尘，实现烟尘的超低排放	1

5.4.2 二氧化硫

5.4.2.1 排放控制现状

2018 年我国水泥行业二氧化硫排放量约为 16.9 万 t，排放绩效约为 0.08 kg/t 熟料。水泥工业目前使用的脱硫技术主要是石灰/石-石膏法、复合脱硫（窑炉喷粉剂、水剂）等。2019 年实施的《工业炉窑大气污染综合治理方案》（环大气〔2019〕56 号）中要求水泥熟料窑尾废气二氧化硫不能达标排放的应配备脱硫设施。《水泥工业大气污染物排放标准》（GB 4915—2013）中特别排放限值要求水泥窑及窑尾余热利用系统二氧化硫排放浓度不超过 100 mg/m^3。

5.4.2.2 污染防治可行技术

SO_2 排放主要取决于原燃料中挥发性硫含量。如硫碱比合适，水泥窑排放的 SO_2 很少，有些水泥窑在不采取任何净化措施的情况下，SO_2 排放浓度可以低于 10 mg/m^3。随着原燃料挥发性硫含量（硫铁矿 FeS_2、有机硫等）的增加，SO_2 排放浓度也会增加。几乎所有水泥窑（约 98%）都能符合 200 mg/m^3 的要求，78%的水泥窑可控制在 100 mg/m^3 以下，65%的水泥窑可控制在 50 mg/m^3 以下。这是因为水泥窑本身就是性能优良的固硫装置，水泥窑中大部分的硫都以硫酸盐的形式保留在水泥熟料中，SO_2 排放不多，特别是预分解窑，因分解炉内有高活性 CaO 存在，它们与 SO_2 气固接触好，可大量吸收 SO_2，故排放浓度相应可控制在 50～200 mg/m^3。如果利用稳定窑况、提高能效、提高原燃料品质等基础方法仍无法满足环保标准，则水泥厂需选择额外的脱硫技术。相比于循环流化床、喷雾干燥等脱硫技术，脱硫剂喷注法和氨法脱硫工艺投资成本相对较低，较适用于我国水泥工业。

（1）脱硫剂喷注法

脱硫剂喷注法是将 $Ca(OH)_2$ 或已分解的生料喷入预热器系统的适当位置，使其吸附烟气中的 SO_2 生成物直接进窑烧制成熟料，不会产生二次废物。通过调整钙硫比，该技术的脱硫效率可以达到 50%～80%，目前国内外大部分水泥企业都是采用的该脱硫技术。

（2）湿法脱硫

湿法脱硫具有工艺技术成熟、效率高（当钙硫比为 1 时脱硫率可达到 90%）、操作简单、反应速度快等优点，已广泛应用于电力、冶金、玻璃等行业，国外有些水泥厂也采用了该脱硫技术，国内部分专家认为湿法脱硫是适用于水泥行业的脱硫技术，不但脱硫效率高，脱硫剂可采用石灰石或窑尾窑灰，获取方便，而且副产品可作为水泥缓凝剂。

（3）循环流化床法脱硫技术

循环流化床脱硫技术属于干法/半干法脱硫工艺。具有投资少、占地小、结构简单、易于操作，兼有高效除尘和烟气净化功能，运行费用低等优点。其反应过程是将烟气与脱硫剂在高温循环流化床中反应，进行脱硫，并形成硫酸钙等副产品。干法脱硫技术的基本原理：在炉膛适当部位喷入石灰石，起到部分固硫作用，在尾部烟道电除尘器前装设循环流化床反应器，炉内未反应的 CaO 随着飞灰输送到循环流化床反应器内，在循环流化床反应器中大颗粒 CaO 被其中湍流破碎，为 SO_2 反应提供更大的表面积，从而提高了整个系统的脱硫率。

（4）喷雾干燥脱硫技术

喷雾干燥脱硫技术属于半干法工艺，与湿法脱硫技术及干法脱硫技术相比，脱硫产物为干粉状，容易处理，工艺较简单，反应产物易于处理，无废水产生，脱硫效率可达到 50%～90%。工作原理：在石灰中加水制成消石灰浆液，消石灰浆由泵打入雾化器，被雾化成细小液滴喷入吸收塔内与 SO_2 反应生成 $CaSO_3$，喷入吸收塔（入窑生料或含尘烟气）后，一方面吸收剂与烟气中发生化学反应，生成固体产物；另一方面烟气将热量传递给吸收剂，使脱硫反应产物形成干粉，反应产物在布袋除尘器（或电除尘器）处被分离，同时进一步去除 SO_2。

（5）氨法脱硫技术

氨法脱硫工艺包括脱硫洗涤系统、烟气系统、氨水储存系统、硫酸铵结晶系统等，经冷却的烟气由塔底进入吸收塔，逆流与从上部喷淋下的氨水吸收液接触，使烟气中的 SO_2 与氨反应生成亚硫酸铵，洗涤液中的亚硫酸铵等产物经空气氧化后形成硫酸铵。氨法脱硫技术具有反应速率快、脱硝效率高且可以同时除尘、脱硫剂利用率高、设备体积小、费用低、副产物价值高等特点，其反应过程属于典型的气液反应或气气反应。

（6）热生料注入技术

热生料注入技术是从分解炉出口抽取部分窑废气进入外加的旋风除尘器，收集废气中含有的热生料喷入预热器最上面两级旋风筒的出风管，如果将窑尾废气送入正在运行中的生料磨（窑磨一体机），会获得额外的 SO_2 吸收能力（可能高达 80%），因此可作为 SO_2 的污染削减装置。以上技术适用于原/燃料含硫量较高的水泥生产企业（表 5-14）。

表 5-14　不同 SO_2 处理工艺最优控制水平

名称	出口浓度/（mg/m^3）	去除效果	适用条件
脱硫剂喷注法	150～180	60%～66%	当 SO_2 浓度低于 1 200 mg/m^3 时，加水制备成 20%～30%的 $Ca(OH)_2$ 浆液，进口浓度为 450 mg/m^3
湿法脱硫	—	＞95%	对超高硫排放浓度（标态）＞2 000 mg/m^3 以上
喷雾干燥脱硫	—	90%	增湿塔引入脱硫剂，该脱硫剂浆液中悬浮着很多微细 $Ca(OH)_2$ 颗粒（通常在 3～10 μm）
氨法脱硫	＜200	＞66%	20%浓度氨水，进口浓度为 600 mg/m^3

5.4.3　氮氧化物

5.4.3.1　排放控制现状

2018 年我国水泥行业氮氧化物排放量约为 96 万 t，排放绩效约为 0.43 kg/t 熟料。水泥工业目前使用的脱硝技术主要是脱硝工艺和末端处理，工艺脱硝包括低氮燃烧、分级燃烧等，末端处理包括 SNCR、SCR 等。2019 年实施的《工业炉窑大气污染综合治理方案》（环大气〔2019〕56 号）中要求水泥熟料窑应配备低氮燃烧器，采用分级燃烧等技术，窑尾配备选择性非催化还原技术（SNCR）、选择性催化还原技术（SCR）等脱硝设施。《水泥工业大气污染物排放标准》（GB 4915—2013）中特别排放限值要求水泥窑及窑尾余热利用系统氮氧化物排放浓度不超过 320 mg/m^3。

5.4.3.2　污染防治可行技术

目前开发的 NO_x 控制技术有低氮燃烧、分级燃烧、添加矿化剂、工艺优化控制（系统均衡稳定运行）等一次措施，选择性非催化还原技术（SNCR）、选择性催化还原技术（SCR）以及 SNCR-SCR 组合工艺等二次措施。欧洲学者认为综合使用这些技术措施后（SCR 除外），排放控制水平应达到 200～500 mg/m^3，若使用 SCR 技术，则可进一步控制在 100～200 mg/m^3。SCR 技术及 SNCR-SCR 组合工艺的可行运行温度为 300～400℃，氮氧化物去除率为 70%～90%；与低氮燃烧技术联合使用，可将氮氧化物排放浓度降至 200 mg/m^3 以下，氨逃逸不大于 3 mg/m^3。

（1）选择性非催化还原技术

选择性非催化还原技术（SNCR）是通过向高温烟气（850～1 100℃）中喷入还原剂（常用液氨、氨水和尿素），将烟气中的氮氧化物还原成氮气和水。该技术系统简单，氮氧化物去除率可达 30%～60%。该技术与低氮燃烧技术联合使用，可使氮氧化物排放浓度降到 300～500 mg/m^3。

（2）选择性催化还原技术

选择性催化还原技术（SCR）是在适当的温度（300～400℃）下，在水泥窑预热器出口处的催化反应器前喷入还原剂（如氨水或尿素），在催化剂的作用下，将烟气中的氮氧化物还原成氮气和水。该技术还原效率可达 70%～90%，但一次性投资较大，运行成本主要取决于催化剂寿命。同时，水泥窑废气颗粒物浓度高，且含有碱金属，易使催化剂磨损、堵塞和中毒，需要采用可靠的清灰技术和合适的催化剂。该技术与低氮燃烧技术联合使用，可使氮氧化物排放浓度降至 200 mg/m^3 以下（表 5-15）。

表 5-15　不同 NO_x 处理工艺最优控制水平

氮氧化物控制技术	出口浓度/（mg/m^3）	去除效果	适用范围
低氮燃烧	668.1	28.1%	烟煤
分级燃烧	670.8	27.8%	
SCR	150～400	45%～95%	熟料产能 3 000 t/d，氮氧化物初始浓度（标态）2 000 mg/m^3，窑尾风量 2 300 m^3/t 熟料
SNCR	260.5	72.0%	低 NO_x 燃烧器+SNCR
	234.0	74.8%	分级燃烧+SNCR
	292	86%	低 NO_x 燃烧器+分级燃烧+SNCR
	300～500	30%～90%	熟料产能 3 000 t/d，氮氧化物初始浓度（标态）2 000 mg/m^3，窑尾风量 2 300 m^3/t 熟料
氧化吸收法（OA 法）	300～400	60%	氨氮摩尔比控制在 1.0～1.2，氨逃逸浓度在 10 mg/m^3 以下
SNCR 法+OA 法	150～200	75%～95%	熟料产能 3 000 t/d，氮氧化物初始浓度（标态）2 000 mg/m^3，窑尾风量 2 300 m^3/t 熟料

5.5 平板玻璃行业主要大气污染物排放控制可行技术评估

5.5.1 烟（粉）尘

5.5.1.1 排放控制现状

2018 年平板玻璃行业烟尘排放量约为 3 065 t，排放绩效约为 0.003 kg/重量箱。平板玻璃工业目前使用的除尘技术主要是静电除尘、袋式除尘等。2019 年实施的《工业炉窑大气污染综合治理方案》（环大气〔2019〕56 号）中要求平板玻璃池窑应配备静电、袋式、电袋复合等高效除尘设施。《平板玻璃工业大气污染物排放标准》（GB 26453—2011）中规定玻璃熔窑颗粒物排放浓度不超过 50 mg/m^3。

5.5.1.2 污染防治可行技术

粉尘是平板玻璃对大气的重要污染物，是污染治理的重点。平板玻璃工业的粉尘主要产生于物料的破碎、筛分及转运过程，不需进行调温调质处理，应根据工艺流程的特点选取集中或分散除尘系统，在工艺允许的条件下尽量回收可利用粉尘。目前在平板玻璃厂中主要采用中小型的脉冲喷吹类袋式除尘器和单机袋式除尘。玻璃窑炉产生的粉尘粒径较小，具有一定的黏性，采用重力除尘或旋风除尘无法达到预期的除尘效果；若采用湿式除尘，涉及的水处理设施庞大，水耗和电耗高，设备易腐蚀，且处理后的烟气温度低，无法满足后续 SCR 工艺对温度的要求；袋式除尘对温度的要求低于 200℃，压损较大，在较高温度下运行时，布袋的寿命短，运行成本较高，因此选用电除尘器既可满足高除尘效率（排放浓度＜50 mg/m^3），且处理后的烟气温度高，可满足后续 SCR 脱硝的烟气温度要求。

（1）袋式除尘器

平板玻璃行业袋式除尘器具有除尘效率高、适应性强、使用灵活、工作稳定等优点，维护相对简单；同时也存在普通滤料不适应黏结性强及含湿量高的粉尘的问题，特别是气体温度不能低于露点温度，否则会结露堵塞滤料，阻力较大。

（2）电除尘

在静电除尘器中，烟尘从烟气中分离出来，烟气经过电除尘处理后烟尘浓度（标态）可以迅速降低并低于 50 mg/m^3。并且该灰尘性质大大改善，不会对后续脱硝反应器的催化剂造成恶劣影响。除掉的烟尘收集在静电除尘装置的料斗中，并由输送机运出除尘器至大的收集袋外运。电除尘器是特别根据高温烟气的特性而制造，最高可耐受到 400℃的高温。除尘器可以在 350～380℃保持正常运行，使用的 400 mm 极间距的电除尘，使得除尘器可以大大避免通道内的带黏性气体尘埃桥接。料斗配有振打装置避免黏性灰尘结壳（表 5-16）。

表 5-16　不同除尘工艺最优控制水平

<table>
<tr><th>设备名称</th><th>出口浓度/（mg/m^3）</th><th>去除效果</th><th>备注</th></tr>
<tr><td>脉冲式布袋除尘</td><td>—</td><td>＞95%</td><td>500 g/m^2 针刺毡/729 覆膜滤料，高压脉冲清灰，用于物料的破碎、筛分及转运过程中产生的粉尘</td></tr>
<tr><td rowspan="4">电除尘</td><td>46</td><td>＞85%</td><td>电除尘器设计选型采用单室二电场，电场长度 3.5 m，流通面积达 140 m^2，进口浓度（标态）约为 300 mg/m^3</td></tr>
<tr><td>50 以下</td><td>＞85%</td><td>进口浓度（标态）约为 350 mg/m^3，燃料为重油</td></tr>
<tr><td>50 以下</td><td>＞70%</td><td>进口浓度（标态）约为 150 mg/m^3，燃料为天然气</td></tr>
<tr><td>10</td><td>＞93%</td><td>采用板状静电除尘器进行废气除尘，进口浓度（标态）约为 150 mg/m^3，燃料为重油</td></tr>
</table>

5.5.2　二氧化硫

5.5.2.1　排放控制现状

2018 年平板玻璃行业二氧化硫排放量约为 3.4 万 t，排放绩效约为 0.04 kg/重量箱。平板玻璃工业目前使用的脱硫技术主要是旋转喷雾法脱硫、烟气循环流化床法脱硫、石灰/石-石膏法脱硫、钠碱法脱硫、双碱法脱硫等。2019 年实施的《工业炉窑大气污染综合治理方案》（环大气〔2019〕56 号）中要求平板玻璃池窑配备石灰石-石膏法等高效脱硫设施。《平板玻璃工业大气污染物排放标准》（GB 26453—2011）中规定玻璃熔窑二氧化硫放浓度不超过 400 mg/m^3。

5.5.2.2　污染防治可行技术

对于平板玻璃烟气 SO_2 控制，按脱硫吸收工艺的不同，可以分为湿法、干法和半干法等。其中，湿法脱硫又根据吸收药剂的不同分为钙法、氨法、镁法、钠法等。湿法脱硫工艺的脱硫率和吸收剂利用率相对较高，但处理系统复杂，存在水污染问题。干法或半干法脱硫工艺的脱硫率和吸收剂利用率相对较低，但处理系统简单，投资较低（表 5-17、表 5-18）。

表 5-17　SO_2 控制技术特征

工艺名称	工艺原理	工艺特点	脱硫效率
双碱法（湿法）	利用氢氧化钠溶液洗涤烟气，使烟气中 SO_2 反应生成（亚）硫酸钠，脱去烟气中的 SO_2，再将（亚）硫酸钠与氢氧化钠（回用）	工艺成熟，操作稳定、操作弹性好、脱硫系统阻力小、运行成本低、投资较低。脱硫后烟气含湿量大，有冒白烟现象	95%
喷雾干燥法（半干法）	将氢氧化钠喷入烟气中，使氢氧化钠与烟气中的 SO_2 反应生成亚硫酸钠、硫酸钠	烟气经脱硫系统处理后不产生结露现象，系统不存在腐蚀问题。进入烟囱外排的烟气温度高，因而无冒白烟现象。脱硫副产物均是干态物质，处理方便，不产生废水、其他废气等二次污染物	85%
循环流化床法（半干法）	在流化床中将石灰粉按一定的比例加入烟气中，使石灰粉在烟气当中处于流化状态，反复反应生成亚硫酸钙	钙利用率高、无运动部件、投资低。对石灰纯度要求较高，国内石灰不易保证质量、烟气压头损失大	90%
碳酸氢钠法（干法）	碳酸氢钠与烟气中的 SO_2 反应生成硫酸钠（芒硝），芒硝通过袋式收尘器收集后，可作为玻璃生产的原料	反应产物为干粉状，不存在腐蚀、结露等问题。脱硫副产物可回用，投资高，占地面积小、运行费用低，无冒白烟现象	90%

表 5-18 SO_2工艺最优控制水平

设备名称	出口浓度/（mg/m^3）	去除效果	适用条件
湿法脱硫	242	＞90%	进口浓度（标态）为 3 500 mg/m^3，脱硫除尘一体化
干法/半干法脱硫	250	＞85.6%	进口浓度（标态）为 2 400 mg/m^3，后加电除尘器
RSDA 半干法脱硫	50	＞95%	进口浓度（标态）为 1 000 mg/m^3

5.5.3 氮氧化物

5.5.3.1 排放控制现状

2018 年平板玻璃行业氮氧化物排放量约为 7.9 万 t，排放绩效约为 0.08 kg/重量箱。平板玻璃工业目前使用的脱硝技术主要是分级燃烧技术、全氧燃烧技术、纯氧燃烧技术、富氧燃烧技术、低氮燃烧、选择性催化还原等。2019 年实施的《工业炉窑大气污染综合治理方案》（环大气〔2019〕56 号）中要求平板玻璃池窑应配备 SCR 等脱硝设施；重点区域应取消脱硫、脱硝烟气旁路或设置备用脱硫、脱硝设施。《平板玻璃工业大气污染物排放标准》（GB 26453—2011）中规定玻璃熔窑氮氧化物排放浓度不超过 700 mg/m^3。

5.5.3.2 污染防治可行技术

玻璃熔窑废气中的 NO_x 的治理措施大致可分为一次措施和二次措施。一次措施突出污染源控制，即在产生 NO_x 的源头上进行严格控制，限制 NO_x 的形成，主要的一次措施包括纯氧助燃技术和改进燃烧技术。二次措施是指对熔窑废气中已经产生的 NO_x 进行处理，从而降低废气排放时的 NO_x 浓度和 NO_x 的排放量，主要的二次措施包括 3R 技术、SCR 和 SNCR 脱硝技术。其中，采用 SCR 技术，脱硝效率可达 70%～80%。

（1）对 NO_x 一次措施的治理

一次措施突出污染源控制，即在产生 NO_x 的源头上进行严格控制，限制 NO_x 的形成，措施如下：

1）氧助燃技术。氧助燃技术包括富氧燃烧技术和全氧燃烧技术，尽管玻璃熔窑在采用氧助燃技术后废气中的 NO_x 排放浓度有可能增加，但由于废气排放总量大幅度降低，NO_x 生成量可以大大减少。因此，该技术已在欧洲国家的玻璃熔窑（尤其是瓶罐玻璃熔窑）上得到推广应用。

2）分层燃烧技术。根据玻璃熔窑中的火焰燃烧状况，燃烧区大致可以分为两个区，即呈氧化态的高温区（热区）和呈还原态的低温区（冷区）。分层燃烧的作用主要在于降低热区温度以减少 NO_x 的生成量，火焰喷射时，同时向上、中、下多点喷射，在助燃空气的作用下，形成上、中、下多层燃烧。据法国环保专家介绍，采用分层燃烧技术以后，器皿玻璃熔窑废气中的 NO_x 可减少 30%～50%。

3）采用低的空气过剩系数。高温及过量的助燃空气会导致 NO_x 生成量的增加，采用低的空气过剩系数就是用最小过剩的空气量进行燃烧以减少高温火焰区的 NO_x 生成量。

4）选用低氮喷枪。近年来，为降低玻璃熔窑在燃烧时的 NO_x 生成量，欧洲国家相继研制了低氮喷枪，这种喷枪主要是通过分段加入燃料或助燃空气以及对各段的燃烧温度进行严格控制来降低玻璃熔窑在燃烧时的 NO_x 生成量，目前已开始在瓶罐玻璃熔窑上推广应用。

（2）对 NO_x 进行二次处理措施

二次措施是指对玻璃熔窑废气中已经产生的 NO_x 进行处理，从而降低废气排放时的 NO_x 浓度和 NO_x 的排放量，措施如下：

1）3R 技术。与其他除 NO_x 的技术相比，该技术可同时适用于浮法玻璃熔窑和瓶罐玻璃熔窑，具有应用范围广、操作使用方便、不使用化学药品、运行成本低和除 NO_x 效果好等优点。采用该技术，玻璃熔窑废气中的 NO_x 生成量可减少 80% 以上。

2）选择性催化还原法（SCR 法）。选择性催化还原法是指在废气处理过程中使用氨水（NH_3）作还原剂，在特殊的合金催化剂的催化作用下，使 NH_3 与废气中的 NO_x 在催化剂表面进行还原反应而生成对环境无害的氮气和蒸汽，由于采用了特殊的催化剂，该方法可在较低温度下使用，废气处理温度可降至 250～450℃，其去除 NO_x 的效率可达 80%～90%，但运行成本较高。

3）非催化选择性还原法（SNCR 法）。非催化选择性还原法是指在废气处理过程中使用氨水（NH_3）将玻璃熔窑废气中的 NO_x 还原，生成对环境无害的氮气和水蒸气，采用该方法的反应温度较高，最佳反应温度为 950℃左右，其去除 NO_x 的效率低于 3R 技术和 SCR 法，但运行成本较低，近年来也有用尿素取代氨水作还原剂的报道（表 5-19）。

表 5-19 NO_x 工艺最优控制水平

氮氧化物控制技术	出口浓度/（mg/m^3）	去除效果	适用范围
氧助燃烧技术	700	66%	进口浓度（标态）约 2 200 mg/m^3
3R 技术	300	86%	进口浓度（标态）约 2 200 mg/m^3
SCR	＜500	85.7%	进口浓度（标态）约 2 200 mg/m^3，SCR 反应器采用垂直方式布置在电除尘器和余热锅炉进口之间

5.6 基于最佳可行技术的火电行业排放绩效标准

5.6.1 烟尘

根据火力发电锅炉及燃气轮机组在不同类型的污染防治技术下的最优可达排放控制水平与单位产品基准烟气量研究火电行业的烟尘排放绩效值。其中，单位基准烟气量主要根据不同燃料类型的单位燃料烟气排放量、发电煤耗及各燃料热值等参数进行确定。结合 5.2.1 节的研究结果，综合考虑各类除尘工艺的技术特点、适用性、经济性以及控制水平等因素，研究确定基于最佳可达控制技术的烟尘排放绩效标准及可行技术组合，结果见表 5-20。

表 5-20 基于最优控制水平的烟尘排放绩效

燃料类型	控制浓度/（mg/m^3）	排放绩效/[g/（kW·h）]	可行技术	适用条件
煤	30	0.105	常规电除尘器	后面一般跟湿法脱硫协同除尘
			分体式电袋除尘器	一般型滤料
			袋式除尘器	常规针刺毡，过滤风速小于 1 m/s

<table>
<tr><th>燃料类型</th><th>控制浓度/（mg/m³）</th><th>排放绩效/[g/（kW·h）]</th><th>可行技术</th><th>适用条件</th></tr>
<tr><td rowspan="5">煤</td><td rowspan="3">10</td><td rowspan="3">0.035</td><td>整体式电袋复合除尘器</td><td></td></tr>
<tr><td>袋式除尘器</td><td>高精过滤滤料，过滤风速小于 0.8 m/s</td></tr>
<tr><td>超净电袋复合技术</td><td>超净电袋复合除尘器与湿法脱硫装置组合</td></tr>
<tr><td rowspan="2">5</td><td rowspan="2">0.017 5</td><td>蜂窝式湿式电除尘器</td><td></td></tr>
<tr><td>耦合增强电袋复合除尘技术</td><td></td></tr>
<tr><td rowspan="8">油</td><td rowspan="3">30</td><td rowspan="3">0.069</td><td>常规电除尘器，后面一般与湿法脱硫协同除尘</td><td></td></tr>
<tr><td>分体式电袋除尘器</td><td>一般型滤料</td></tr>
<tr><td>袋式除尘器</td><td>常规针刺毡，过滤风速小于 1 m/s</td></tr>
<tr><td rowspan="3">10</td><td rowspan="3">0.023</td><td>整体式电袋复合除尘器</td><td></td></tr>
<tr><td>袋式除尘器</td><td>高精过滤滤料，过滤风速小于 0.8 m/s</td></tr>
<tr><td>超净电袋复合技术</td><td>超净电袋复合除尘器与湿法脱硫装置组合</td></tr>
<tr><td rowspan="2">5</td><td rowspan="2">0.011</td><td>蜂窝式湿式电除尘器</td><td></td></tr>
<tr><td>耦合增强电袋复合除尘技术</td><td></td></tr>
<tr><td>天然气</td><td>5</td><td>0.025</td><td></td><td></td></tr>
</table>

5.6.2　二氧化硫

火电行业的二氧化硫排放绩效值是根据火力发电锅炉及燃气轮机组在不同类型的污染防治技术下的最优可达排放控制水平与单位产品基准烟气量进行确定。其中，单位基准烟气量主要根据不同燃料类型的单位燃料烟气排放量、发电煤耗及各燃料热值等参数进行确定。结合 5.2.2 节的研究结果，综合考虑各类烟气脱硫工艺的技术特点、适用性、经济性以及去除效率等因素，按照 2015 年全国火电机组加权平均硫分 0.92%、高硫煤地区加权平均硫分 2.20%，分别测算不同地区各类型烟气脱硫技术的最佳可达排放浓度水平，进而确定基于最佳可达控制技术的二氧化硫排放绩效标准及可行技术组合，见表 5-21。

表 5-21　基于最优控制水平的二氧化硫排放绩效

燃料	控制出口浓度/（mg/m^3）	排放绩效/[g/（kW·h）]	可行技术	适用条件
煤	96	0.34	石灰石-石膏法	
			循环流化床法	
			海水脱硫	
	230	0.8	石灰石-石膏法	
			循环流化床法	
			海水脱硫	
	38	0.13	传统空塔喷淋石灰石-石膏法	入口浓度（标态）小于 1 000 mg/m^3 的低低硫煤
			双循环脱硫工艺	入口浓度（标态）分别为 1 000～2 000 mg/m^3 的低硫煤、2000～6 000 mg/m^3 的中硫煤、6 000 mg/m^3 以上的高硫煤
			复合塔脱硫技术	入口浓度(标态)为 1 000～2 000 mg/m^3 的低硫煤、2 000～6 000 mg/m^3 的中硫煤
			单塔双区技术	入口浓度(标态)为 1 000～2 000 mg/m^3 的低硫煤、2 000～6 000 mg/m^3 的中硫煤、6 000 mg/m^3 以上的高硫煤
			海水脱硫	入口浓度（标态）约 2 000 mg/m^3 以下的较好海域扩散条件的滨海电厂可作为超低技术
油	96	0.22	石灰石-石膏法	
			循环流化床法	
			海水脱硫	
	40	0.09	传统空塔喷淋石灰石-石膏法	
			双循环脱硫工艺	
			复合塔脱硫技术	
			单塔双区技术	
			海水脱硫	
天然气	35	0.175	—	

5.6.3　氮氧化物

火电行业的氮氧化物排放绩效值是根据火力发电锅炉及燃气轮机组在不同类型的污染防治技术下的最优可达排放控制水平与单位产品基准烟气量进行确定的。其中，单位基准烟气量主要根据不同燃料类型的单位燃料烟气排放量、发电煤耗及各燃料热值等参数进行确定。结合 5.2.3 节的研究结果，综合考虑各类烟气氮氧化物控制工艺的技术特点、适用性、经济性以及最佳可达控制水平等因素，确定基于最佳可达控制技术的二氧化硫排放绩效标准及可行技术组合，见表 5-22。

表 5-22　基于最优控制水平的氮氧化物排放绩效

燃料类型	区域及污染源类型	控制浓度/（mg/m^3）	排放绩效/[g/（kW·h）]	可行技术	备注
煤	一般地区现有源	100	0.35	低氮燃烧+SCR	
				SNCR	用于循环流化床
				SNCR/SCR 联合烟气脱硝	
	一般地区新源	50	0.175	低氮燃烧+SCR（3+1）	
				SNCR+催化氧化吸收	用于循环流化床
				SNCR/SCR 联合烟气脱硝	用于循环流化床
	重点地区	50	0.175	低氮燃烧+SCR（3+1）	
				SNCR+催化氧化吸收	用于循环流化床
				SNCR/SCR 联合烟气脱硝	用于循环流化床
油	一般地区现有源	100	0.23	低氮燃烧+SCR	
				SNCR	用于循环流化床
				SNCR/SCR 联合烟气脱硝	
	一般地区新源	50	0.115	低氮燃烧+SCR（3+1）	
				SNCR+催化氧化吸收	用于循环流化床
				SNCR/SCR 联合烟气脱硝	用于循环流化床
	重点地区	50	0.115	低氮燃烧+SCR（3+1）	
				SNCR+催化氧化吸收	用于循环流化床
				SNCR/SCR 联合烟气脱硝	用于循环流化床
天然气	全部	50	0.25	低氮燃烧+SCR	

5.7 基于最佳可行技术的钢铁行业排放绩效标准

5.7.1 烟尘

目前，钢铁工业应用的烟（粉）尘污染控制技术包括袋式除尘、电除尘、湿法除尘、机械式除尘、电袋复合除尘技术等。从除尘效果来看，袋式除尘是控制水平最佳的技术选择。

通过对比国内外先进钢铁联合企业的颗粒物控制技术应用及排放情况，分别按照烧结、球团、焦化、炼铁、炼钢、轧钢等主要排放工序进行分析，基于各工序、各污染源单位产品基准排气量测算最优排放绩效值，见表 5-23。

表 5-23 钢铁行业各污染源颗粒物最优控制技术及排放绩效

工序	污染源	最佳可行控制技术	最佳可达控制浓度/（mg/m^3）	最优排放绩效	技术指标
烧结	烧结机、球团焙烧设备	四电场除尘+脱硫+袋式除尘/湿式电除尘	5	0.014 15 kg/t 烧结矿	断面风速＜0.8 m/s
球团	烧结机机尾、带式焙烧机机尾	袋式除尘	10	0.027 kg/t 球团	高效滤膜；覆膜滤料，定期更换
焦化	干熄焦、筛储焦	大型地面站干式净化除尘	10	0.007 06 kg/t 焦炭	除尘效率＞99%
	装煤、出焦		10	0.003 417 kg/t 焦炭	
	粗苯管式炉	燃用净化后的精制煤气	15	0.001 425 kg/t 焦炭	
	机焦半机焦炉	燃用净化后的精制煤气	15	0.021 kg/t 焦炭	
	热回收焦炉	燃用净化后的精制煤气	15	0.061 44 kg/t 焦炭	
炼铁	热风炉	燃用净化后的精制煤气	15	0.019 5 kg/t 生铁	—
炼钢	转炉烟气	LT 干法除尘+煤气回收	10	0.041 23 kg/t 碳钢	
	电炉烟气	第四孔排烟+大围罩+屋顶罩+布袋除尘器	10	0.012 kg/t 合金钢	废气捕集率＞95%，除尘效率＞99.5%，外排废气粉尘浓度≤10 mg/m^3
轧钢	热轧精轧机	塑烧板除尘	10	0.006 kg/t 钢材	除尘效率≥99%，出口粉尘浓度≤10 mg/m^3，烟气温度≤200℃
	热轧火焰清理机等设备				

工序	污染源	最佳可行控制技术	最佳可达控制浓度/（mg/m³）	最优排放绩效	技术指标
轧钢	废酸再生	袋式除尘	10	0.006 kg/t 钢材	对粒径大于 0.1 μm 的微粒，去除率≥99%，出口粉尘浓度≤10 mg/m³
	平整机、拉矫机、焊机、抛丸机、修磨机等设备的除尘				

5.7.2　二氧化硫、氮氧化物

钢铁企业生产过程中烧结、球团、焦化、炼铁、连铸、轧钢和锅炉均会产生二氧化硫和氮氧化物。据初步测算，烧结工艺的二氧化硫、氮氧化物排放量约占钢铁行业排放总量的 87%、50%。烧结和球团工序是钢铁行业二氧化硫和氮氧化物的重点排放工序。

根据国内外钢铁企业的污染防治技术应用情况，烧结机机头烟气可采用的二氧化硫控制技术主要包括石灰石-石膏法脱硫技术、旋转喷雾干燥脱硫技术、循环流化床脱硫技术、活性炭吸附法等；焦炉煤气脱硫可行性技术包括 HPF 法双塔法、真空碳酸盐法等。烧结球团烟气脱硝可行性技术包括活性焦（炭）脱硝技术、中温 SCR 脱硝技术；焦炉烟气脱硝最佳可行性技术为中冶焦耐开发的“干/半干法脱硫+低温脱硝除尘热解析一体化技术与工艺”；加热炉、热风炉烟气脱硝最佳可行性技术主要包括分级燃烧技术、再燃烧技术、低氧燃烧技术、浓淡偏差燃烧和烟气再循环等燃料控制技术与炉膛喷射脱硝。

通过对比国内外先进钢铁联合企业的二氧化硫、氮氧化物的控制技术应用及排放情况，分别按照烧结、球团、焦化、炼铁、轧钢等主要排放工序进行分析，基于各工序、各污染源单位产品基准排气量测算最优排放绩效值，结果见表 5-24。

表 5-24 钢铁行业各污染源二氧化硫、氮氧化物最优控制技术及排放绩效

工序	污染源	污染物	最佳可行技术	最佳可达控制浓度/（mg/m^3）	最佳可达控制绩效
烧结、球团	烧结机、球团焙烧设备	SO_2	湿法脱硫、干（半干）法脱硫技术、活性焦等多污染物协同处理技术	50	0.141 5 kg/t 烧结矿
		NO_x	选择性催化还原	100	0.283 kg/t 烧结矿
			活性炭吸附法加氨、活性焦等多污染物协同处理技术	150	0.424 5 kg/t 烧结矿
焦化	装煤、干熄焦	SO_2	—	100	0.071 kg/t 焦炭
	出焦	SO_2	—	50	0.033 kg/t 焦炭
	粗苯管式炉、半焦烘干和氨分解炉等燃用焦炉煤气的设施	SO_2	燃用净化后的精制煤气	30	0.003 kg/t 焦炭
		NO_x	—	200	0.019 kg/t 焦炭
	机焦、半机焦炉	SO_2	活性焦等多污染物协同处理技术	30	0.042 kg/t 焦炭
		NO_x	活性焦等多污染物协同处理技术	100	0.14 kg/t 焦炭
	热回收焦炉	SO_2	活性焦等多污染物协同处理技术	30	0.123 kg/t 焦炭
		NO_x	活性焦等多污染物协同处理技术	100	0.410 kg/t 焦炭
炼铁	热风炉	SO_2	燃用净化后的精制煤气	30	0.039 kg/t 生铁
		NO_x	—	100	0.13 kg/t 生铁
轧钢	热处理炉	SO_2	燃用净化后的精制煤气	30	0.018 kg/t 钢材
		NO_x	低氮燃烧	100	0.06 kg/t 钢材

5.8 基于最佳可行技术的水泥行业排放绩效标准

5.8.1 颗粒物

水泥工业目前使用的除尘技术主要是布袋除尘、静电除尘以及电袋复合除尘

工艺。水泥窑的窑头、窑尾一般采用布袋除尘器或静电除尘器，其他通风生产设备、扬尘点等大多采用布袋除尘器。目前布袋除尘器是国内外水泥行业的主导除尘设备，其次为电除尘器，其他除尘设备在行业内的应用已越来越少。特别是在环境质量要求严格的地区，布袋除尘器的占比更高。水泥企业在用电除尘器主要分布在水泥窑的窑头冷却机、窑尾余热利用及生料磨系统，在烘干机、煤磨及其他部位的应用已很少见。

根据欧盟水泥行业最佳可行控制技术及参考文件，结合国内先进水泥企业的污染防治技术应用情况，总结新型干法窑在不同类型污染防治技术下的最优可达排放控制水平；同时根据最优控制水平和水泥熟料生产线单位产品基准烟气量测算基于最佳可达控制技术的颗粒物排放绩效及可行技术组合，结果见表 5-25。

表 5-25　水泥行业基于最优控制水平的颗粒物排放绩效

最佳可行控制技术	平均控制浓度/（mg/m^3）	最佳可达控制浓度/（mg/m^3）	排放绩效/（kg/t 熟料）	技术指标
布袋除尘器	20	0.27（欧洲）	0.05	采用为玻纤覆膜或 P84 覆膜滤料
静电除尘器	30	4.12	0.075	四、五级电场；采用移动电极技术等
电袋复合除尘器	30		0.075	

对于原料处理、运输及其他无组织产尘点，通过将原材料堆场全部封闭，封闭皮带廊，在各转运点加装除尘设备，加强道路的清扫、洒水，经初步测算可实现无组织排放平均绩效在 12.6 g/t 水泥以内。

5.8.2　氮氧化物

因水泥窑内的烧结温度高、过剩空气量大，故水泥生产中氮氧化物的形成机理以热力型排放为主。目前广泛应用于水泥企业的氮氧化物控制技术有低氮燃烧器、分级燃烧、添加矿化剂、工艺优化控制（系统均衡稳定运行）等一次措施，以及选择性非催化还原技术（SNCR）、选择性催化还原技术（SCR）等二次措施。欧洲学者认为综合使用这些技术措施后（SCR 除外），排放控制水平应达到 200～

500 mg/m^3，若使用 SCR 技术，则可进一步控制在 100～200 mg/m^3。

根据欧盟水泥行业最佳可行控制技术及参考文件，结合国内外行业内环境表现最佳水泥企业的氮氧化物控制水平，按照国内水泥熟料生产线单位产品基准烟气量测算基于最佳可达控制技术的氮氧化物排放绩效及可行技术组合，结果见表 5-26。

表 5-26 水泥行业基于最优控制水平的氮氧化物排放绩效

最佳可行控制技术	平均控制浓度/（mg/m^3）	最优控制浓度水平/（mg/m^3）	排放绩效/（kg/t 熟料）	最优控制技术要求
一次措施+SNCR	200～500	234	0.585	综合使用低氮燃烧器、分级燃烧、添加矿化剂、工艺优化控制、SNCR 等措施
一次措施+SCR	100～200	145	0.362 5	综合使用低氮燃烧器、分级燃烧、添加矿化剂、工艺优化控制、SCR 等措施

5.9 基于最佳可行技术的平板玻璃行业排放绩效标准

目前平板玻璃生产主要有三种工艺：浮法工艺、平拉工艺、压延工艺。由于浮法工艺在我国平板玻璃生产线中占主流地位，且工艺先进，具有代表性，本节重点针对浮法玻璃工艺最佳可行控制技术进行分析及排放绩效测算。

浮法玻璃生产工艺主要包括配料制备、熔窑熔化、锡槽成型、退火窑退火和冷端成品库等工段。目前，我国 90%以上的平板玻璃工业熔窑采用重油作为燃料，烟（粉）尘、二氧化硫、氮氧化物等主要大气污染物排放问题较为严重。

5.9.1 颗粒物

原料在储存、搬运、混合工序中的飞散是平板玻璃企业粉尘排放的重要环节。平板玻璃企业的烟尘主要来自玻璃熔炉中化石燃料燃烧及易挥发物质（部分金属氧化物，如 Na_2O 等）高温挥发后冷凝产物。

布袋除尘技术由于其工艺成熟，具有很高的除尘效率（95%～99%），且收集起来的原料可回收利用，因而是目前国内外平板玻璃企业应用最广泛的除尘工艺。

根据欧盟平板玻璃最佳可行控制技术及参考文件，采用布袋除尘工艺可使平板玻璃企业工艺过程的粉尘排放控制在 5～30 mg/m^3。国外多数平板玻璃企业粉尘排放基本可控制在 50 mg/m^3 以内，也有部分可控制在 30 mg/m^3 之内。江苏华尔润采用袋式除尘器可将粉尘浓度控制在 14.6～22.5 mg/m^3。

综合国内外平板玻璃企业的最佳可达除尘效果，按照国内平板玻璃行业工艺排放中单位产品基准排气量测算最佳控制排放绩效，结果见表 5-27。

表 5-27　平板玻璃行业工艺过程粉尘最优控制水平及排放绩效

排放工序	最佳可行控制技术	最佳可达控制浓度/（mg/m^3）	最佳可达控制绩效/（kg/重量箱）
工艺中粉尘排放（有原料破碎）	袋式除尘器	20	0.001 26
工艺中粉尘排放（无原料破碎）	袋式除尘器	20	0.000 63

适用于平板玻璃熔窑的烟尘控制工艺主要包括湿式除尘器、电除尘器和袋式除尘器。根据欧盟平板玻璃最佳可行控制技术及参考文件，采用半干法-电除尘技术可使得玻璃熔窑颗粒物排放浓度控制在 10～20 mg/m^3。按照国内平板玻璃熔窑中单位产品基准排气量测算最佳控制排放绩效，结果见表 5-28。

表 5-28　平板玻璃熔窑烟尘最优控制水平及排放绩效

最佳可行技术	最佳可达控制浓度/（mg/m^3）	最佳可达控制绩效/（kg/重量箱）
静电除尘、袋式除尘或结合干法、半干法脱硫系统	10～20	0.001 25～0.002 5

5.9.2　二氧化硫

平板玻璃熔炉多采用重油作为燃料且原料中的芒硝分解，导致烟气中有大量二氧化硫产生。适用于平板玻璃熔炉的脱硫技术包括湿法、干法和半干法等脱硫工艺。其中，湿法脱硫工艺的脱硫率和吸收剂利用率相对较高，但处理系统比较复杂，存在水污染问题。干法或半干法脱硫工艺的脱硫率和吸收剂利用率相对较低，但处理系统简单，投资较低。根据欧盟平板玻璃最佳可行控制技术及参考文件，采用干法、半干法脱硫系统基本可将二氧化硫排放浓度控制在 500 mg/m^3 以内。具体不同燃料的玻璃熔炉二氧化硫最佳可行控制技术及控制绩效水平见表 5-29。

表 5-29 平板玻璃熔窑二氧化硫最优控制水平及排放绩效

燃料类型	最佳可行技术	最佳可达控制浓度/（mg/m^3）	最佳可达控制绩效/（kg/重量箱）
天然气	静电除尘、袋式除尘或结合干法、半干法脱硫系统	200～500	0.025～0.062
燃料油		500～1200	0.062～0.15

5.9.3 氮氧化物

玻璃熔炉中氮氧化物主要来自热力型氮氧化物和玻璃原料中少量硝酸盐分解产生。一般产生浓度高达 2 000 mg/m^3 以上。

玻璃熔窑中的氮氧化物治理措施可分为一次措施和二次措施。一次措施突出污染源控制，即在产生氮氧化物的源头上进行严格控制，限制氮氧化物的形成，主要包括纯氧助燃技术和改进燃烧技术。二次措施是指对熔窑废气中已经产生的氮氧化物进行处理，降低废氮氧化物排放浓度，主要包括 3R 技术、SCR 和 SNCR 脱硝技术。

根据欧盟平板玻璃最佳可行控制技术及参考文件，综合采用上述一次措施和二次措施，平板玻璃企业的氮氧化物排放浓度基本可控制在 500～700 mg/m^3。按照此最佳可行控制水平进行测算，氮氧化物排放绩效可控制在 0.09～0.105 kg/重量箱的水平。如果采用 SCR 工艺作为末端脱硝技术，氮氧化物排放绩效可进一步控制在 0.075～0.1 kg/重量箱。

第6章

京津冀“2+26”城市企业许可排放量核定方案设计

京津冀及周边地区同处环渤海地区，西部和北部分别被太行山和燕山山脉环绕，在地形和气象场的共同影响下，形成了一个大的空气域（air basin），大气污染的相互影响非常显著。已有研究表明，影响京津冀地区大气污染物的最重要的3个输送通道主要是位于西南、东南及偏东路径的长距离输送通道，基本覆盖河北、河南、山东、山西等省份的主要城市，位于三大输送通道上的“2+26”城市大气污染相互影响显著。虽然目前区域内各省市积极推动区域协作和联防联控工作，但囿于大气污染属地治理，通常情况下都各自为政，各省的空气质量改善目标、污染物排放控制目标和措施力度存在较大差异；此外，在省级层面实施的总量控制制度也难以有效解决区域层面的高架源长距离输送问题，因此有必要在区域层面以整体改善区域大气环境质量为出发点实施统一的污染物排放总量控制，根据区域环境质量改善要求设定排放量控制目标、设计许可排放量控制标准。

笔者将京津冀及周边地区大气传输通道上的“2+26”城市作为一个区域单元，采用空气质量模型及污染物来源识别技术手段，确定各城市各重点行业空气质量敏感系数，结合重点行业分级管控排放绩效标准，最终提出区域内重点行业企业许可排放量限值的核定方法及分配方案。

6.1 社会经济发展现状分析

6.1.1 人口与行政区划

“2+26”城市是京津冀大气污染传输通道的“泛称”，它以北京和天津为中心，包括了这2个直辖市和周边700 km左右半径内4个省所辖的26个地级市，分别是河北省石家庄、唐山、廊坊、保定、沧州、衡水、邢台、邯郸，山西省太原、阳泉、长治、晋城，山东省济南、淄博、济宁、德州、聊城、滨州、菏泽，河南省郑州、开封、安阳、鹤壁、新乡、焦作、濮阳。

中国位于欧亚大陆东部、太平洋的西岸，西南距印度洋也较近，因此气候受大陆、大洋的影响十分显著，夏季盛行从海洋吹向陆地的偏南风，冬季盛行从大陆吹向海洋的偏北风，“2+26”城市都是常住人口众多、人口密度较大的地区，也是重工业比较集中的城市。按照方向划分，京津冀大气污染传输通道主要可分为东北西南走向的太行山脉/京广线沿线（如河北省的保定、石家庄、邢台、邯郸及河南省安阳、郑州等地）、西北东南走向的京沪线沿线（天津，河北省的廊坊，山东省的沧州、德州以及省会济南等），此外还有正南向（如山东等城市）和东部（如唐山等地）的传输通道，上述传输通道城市的地理位置和产业结构等因素，其产业支柱多是钢铁、火电、焦化等高耗能、高污染等企业。

“2+26”城市中以北京和天津为中心，最东边的是河北省唐山市，最西边的是山西省太原市，最南边的是河南省郑州市，该区域土地面积约为27.5万km^2，截至2018年年底，有1.9亿常住人口（图6-1）。

从图6-2中可以看出，京津冀大气污染传输通道上的城市聚集了大量的人口，人口密度大、流动量大，从而导致经济活动多，GDP增长迅速。

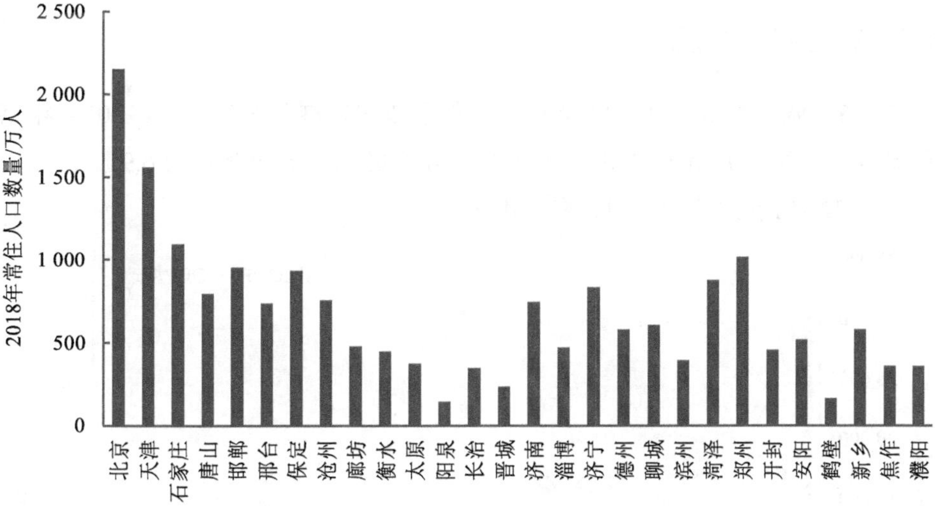

图 6-1　“2+26”城市 2018 年常住人口数量

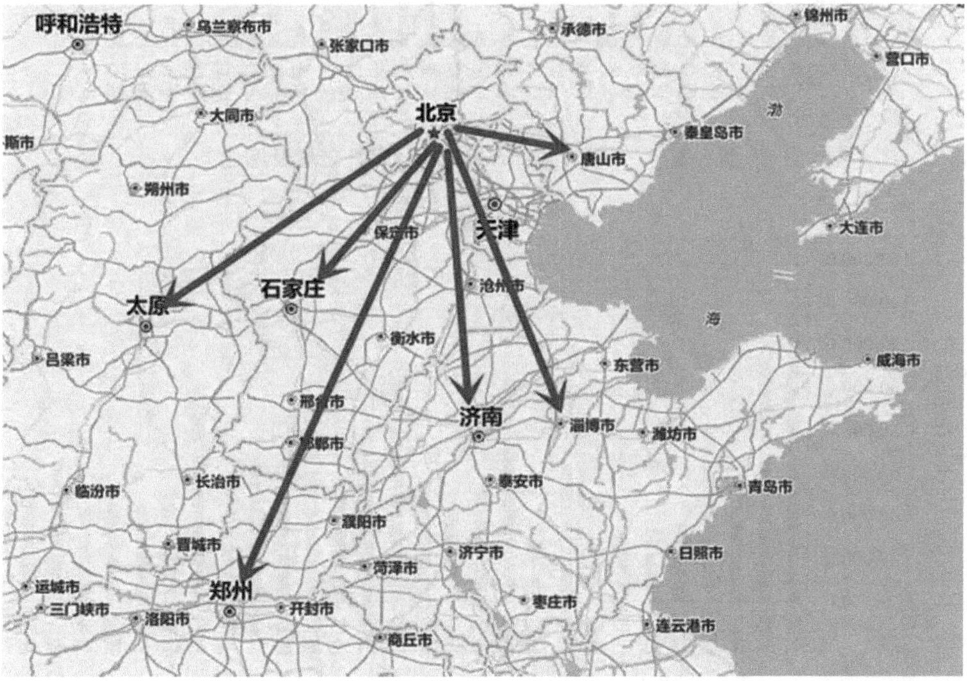

图 6-2　京津冀大气污染传输通道城市

6.1.2 社会经济状况

“2+26”城市大多都在经济增长上取得了较快发展。统计显示，2018 年京津冀及周边“2+26”城市地区生产总值达 13.8 万亿元，平均增速为 6.91%，人均生产总值为 72 851 元，如图 6-3、图 6-4 所示。

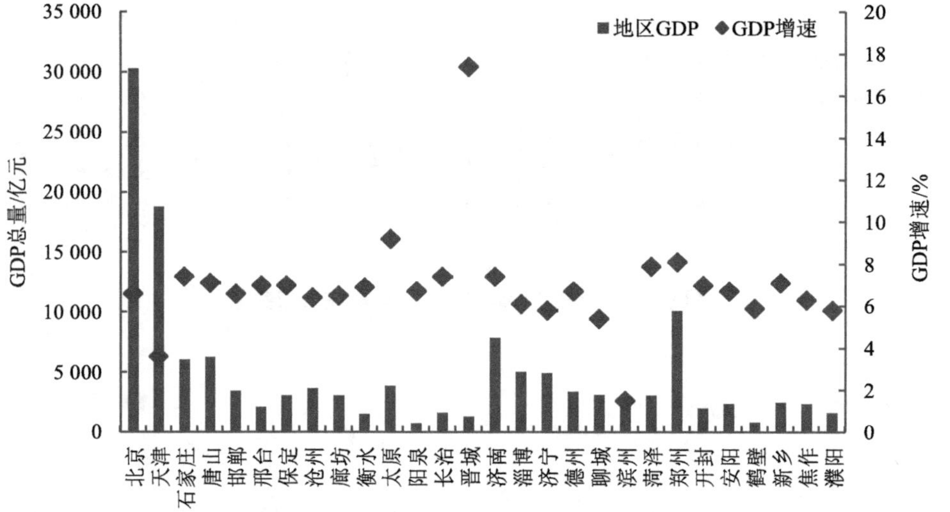

图 6-3 “2+26”城市 2018 年 GDP 总量及增速

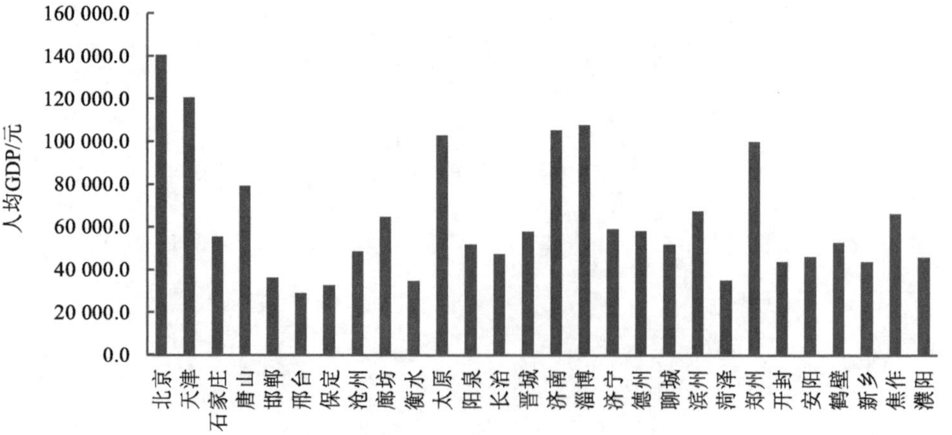

图 6-4 “2+26”城市 2018 年人均 GDP

6.1.3 产业结构与布局

“2+26”城市的经济发展迅速，其产业支柱多依靠钢铁、火电、焦化等高耗能、高污染等企业。区域经济结构不合理，国有经济比重过高，地区政府对资源控制能力强，对企业干预比较大。目前这些城市正在进行产业结构调整，产业结构进一步优化，根据 2018 年国民经济和社会发展统计公报，各市三次产业的增加比重如图 6-5 所示。北京、天津、石家庄、廊坊、太原、阳泉、济南、郑州等城市第三产业所占比重较大，已经超过 50%，随着产业结构和产业布局的升级，不断促进该区域的经济转型及发展。

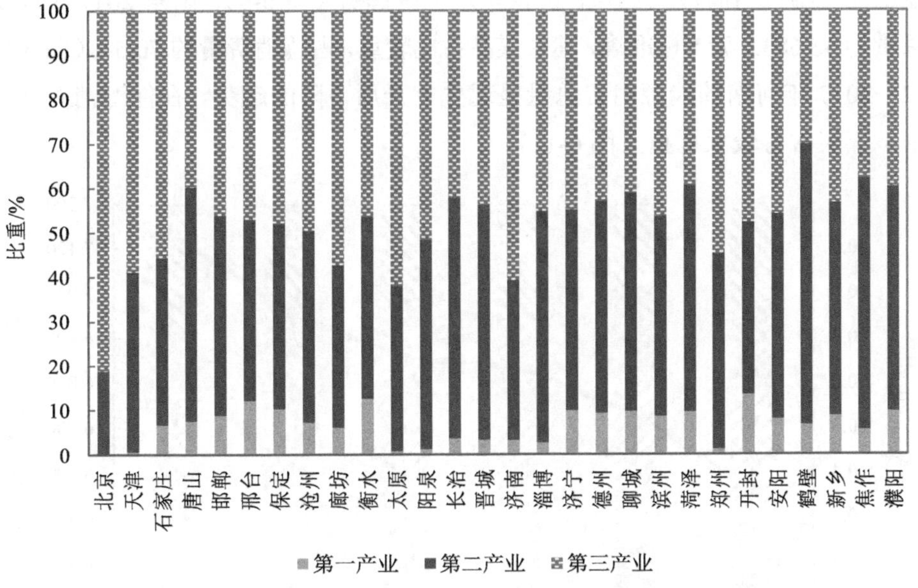

图 6-5　“2+26”城市 2018 年三次产业增加值占 GDP 比重

“十三五”期间，该区域已经通过一系列产业结构转型，利用工业园区及港口的建设，初步构建了高新技术产业园区和现代服务业为主的现代产业体系；整合上下游两端供应链条，推动过剩产能以及淘汰产业的退出工作，让位给高端制造业和具有最新技术的电子信息产业等前沿产业加速发展，部署现代物流，为该区域从传统的低端制造业经济向现代服务型与科技型制造业经济转型铺平道路。

6.1.4 能源消费情况

从能源消费情况来看，根据《北京市统计年鉴》，北京 2017 年能源消费总量为 7 132.8 万 t 标准煤，其中煤品占比 5.65%，石油占比 33.80%，各年能源消费状况如图 6-6 所示。北京能源消费占比较重的是油品，煤品的占比逐年下降，天然气的占比逐渐上升。2017 年，天津能源消费总量为 8 011.0 万 t 标准煤，天津能源消费结构中，煤炭、油品占了较大比重，煤炭的比重逐渐下降，如图 6-7 所示。河北的能源消费总量大，煤炭占比高，但是总体呈现下降趋势，如图 6-8 所示。根据山西统计年鉴，2017 年山西能源消费总量为 20 057.2 万 t 标准煤，煤炭在山西能源消费结构占有较大比重，但也呈现下降趋势（图 6-9）。山东 2017 年能源消费总量为 38 683.7 万 t 标准煤，其中煤品占比较重，占总消费量的 70.5%（图 6-10）。2012—2017 年河南的能源消费总量呈现先上升后下降的趋势，在能源消费结构占比中，煤炭占有较大比重（图 6-11）。

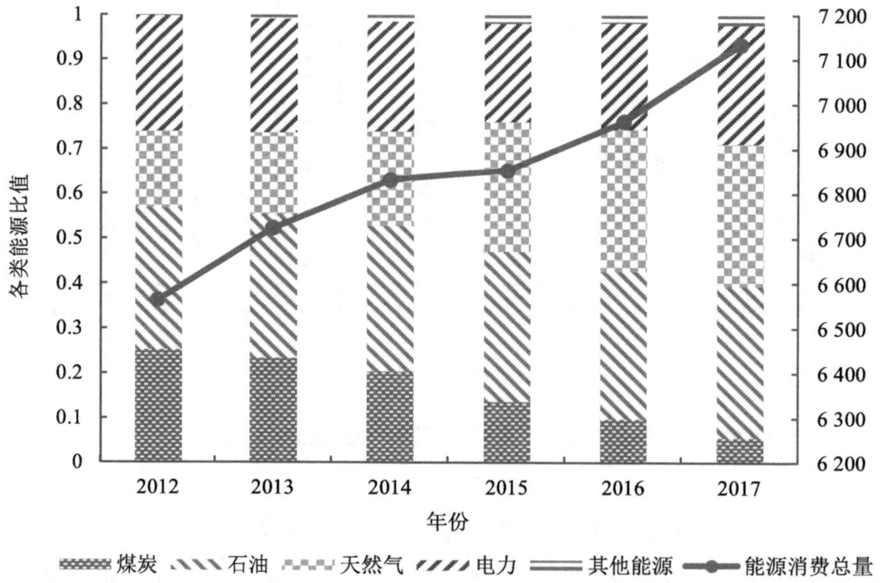

图 6-6 北京 2012—2017 年能源消费状况

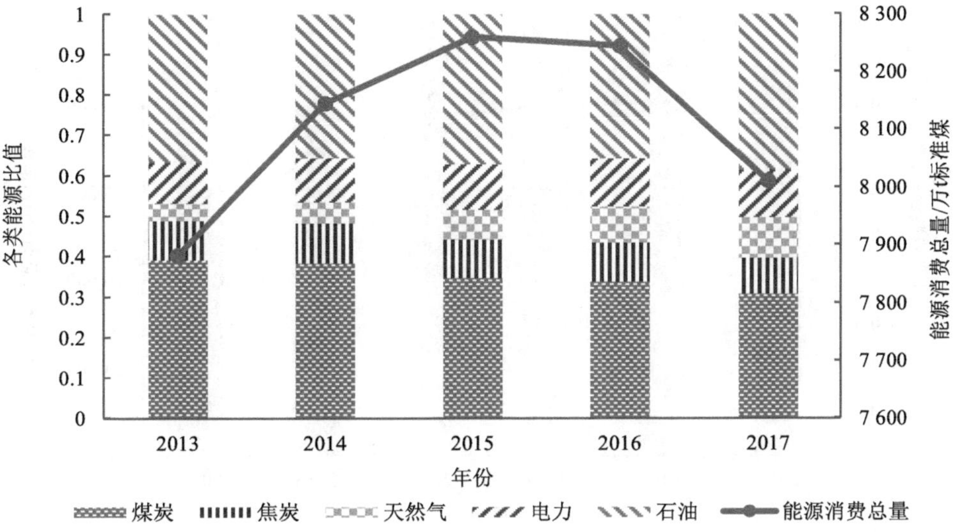

图 6-7　天津 2012—2017 年能源消费状况

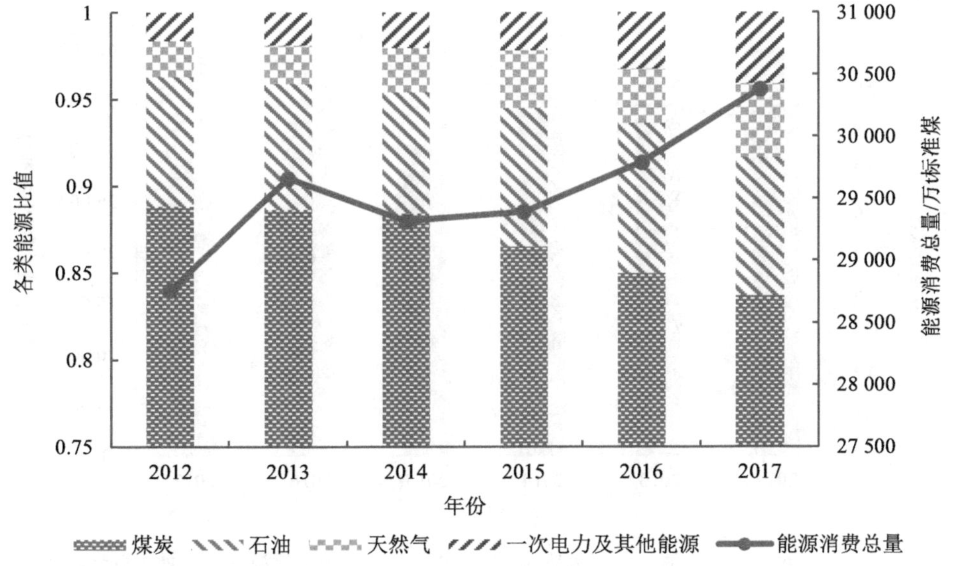

图 6-8　河北 2012—2017 年能源消费状况

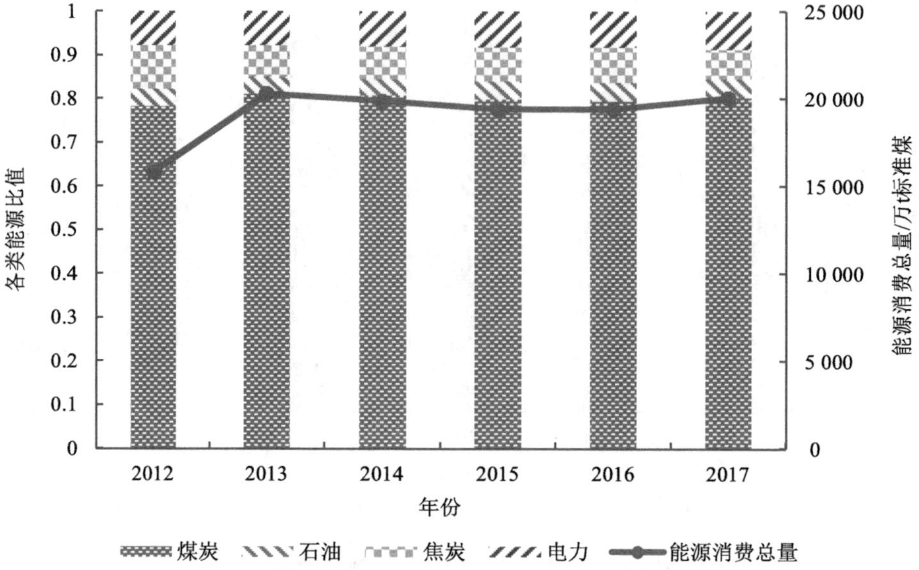

图 6-9 山西 2012—2016 年能源消费状况

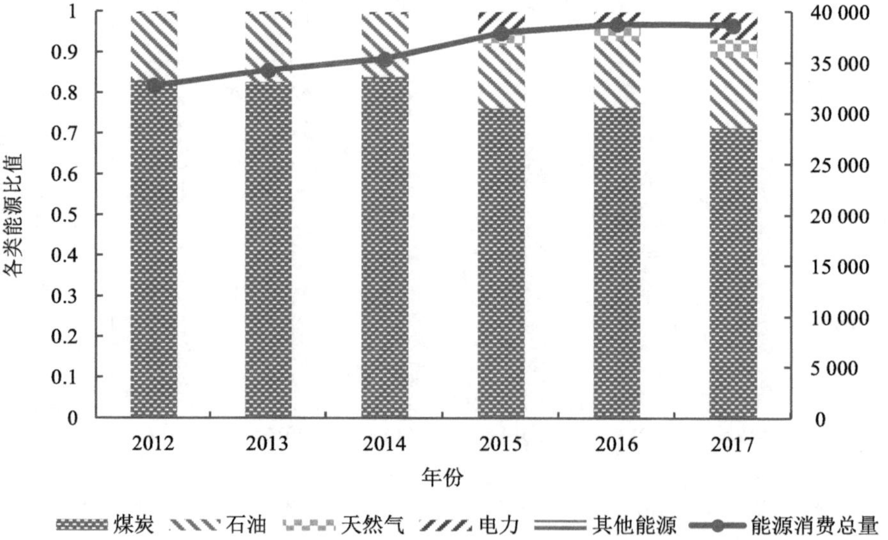

图 6-10 山东 2012—2017 年能源消费状况

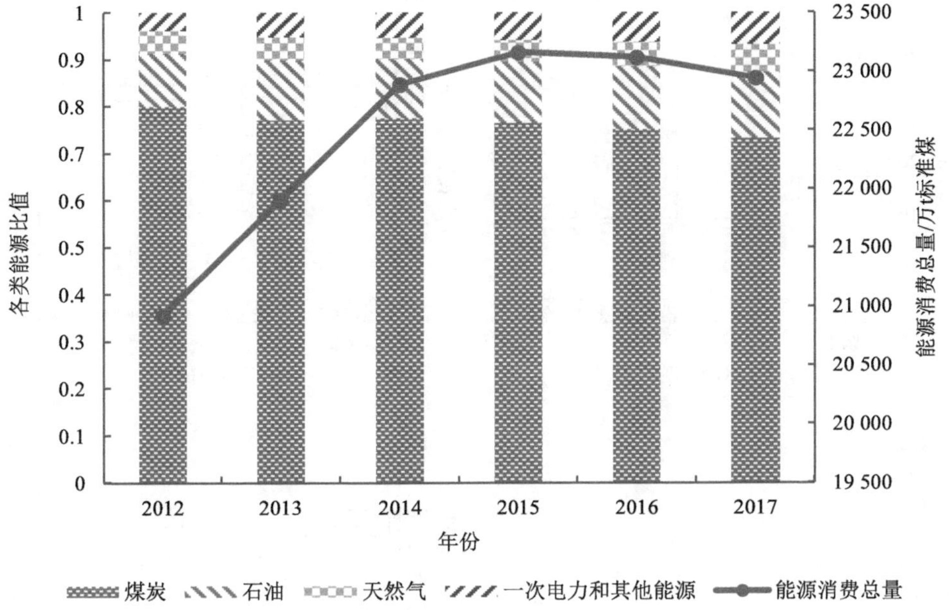

图 6-11　河南 2012—2017 年能源消费状况

6.2　大气污染关键问题分析

6.2.1　大气环境质量概况

2019 年，全国 32 个省（自治区、直辖市）SO_2、NO_2、PM_{10}、$PM_{2.5}$ 4 项主要大气污染物的年平均浓度分别约为 11 μg/m^3、27 μg/m^3、63 μg/m^3、36 μg/m^3，O_3 日最大 8 h 平均值 90 分位数的平均值为 148 μg/m^3。京津冀及周边地区"2+26"城市的 4 项主要大气污染物的平均浓度分别为 15 μg/m^3、40 μg/m^3、100 μg/m^3、57 μg/m^3，O_3 日最大 8 h 平均值 90 分位数的平均值为 196 ug/m^3，5 项污染物年评价指标值分别比全国平均水平高 33%、46%、57%、56%、32%，在全国范围内处于较高浓度水平（图 6-12）。

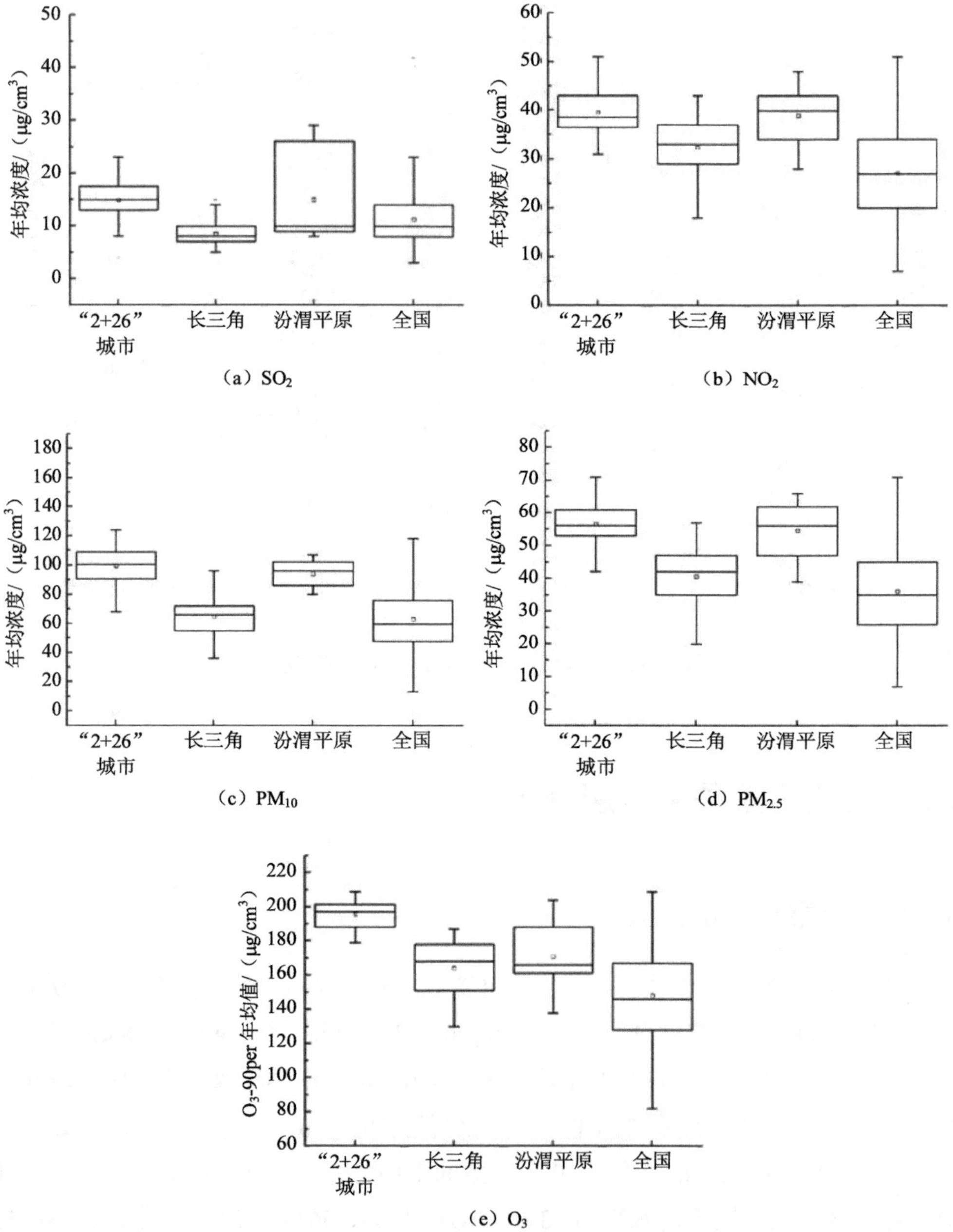

（a）SO_2　（b）NO_2

（c）PM_{10}　（d）$PM_{2.5}$

（e）O_3

图 6-12　全国五项污染物年均浓度

根据空气质量监测结果，京津冀及周边地区“2+26”城市空气质量超标严重。按照《环境空气质量标准》（GB 3095—2012）和《环境空气质量评价技术规范（试行）》（HJ 663—2013）进行评价，2019 年，在各项常规监测指标中，京津冀及周边地区“2+26”城市的 $PM_{2.5}$、PM_{10}、NO_2、O_3 4 项污染物年评价指标均存在不同程度的超标现象。

对于 NO_2，28 个城市中有 11 个城市年均浓度超标，分别是滨州市、天津市、阳泉市、淄博市、新乡市、邢台市、济南市、郑州市、石家庄市、太原市和唐山市，分别超标 2.5%、5.0%、5.0%、5.0%、10.0%、12.5%、12.5%、12.5%、15.0%、25.0%和 27.5%；对于 PM_{10}，除北京外，京津冀及周边地区其他 27 个城市全部超标，超标倍数较高的包括保定市、唐山市、新乡市、德州市、淄博市、济南市、太原市、聊城市、焦作市、晋城市、菏泽市、邢台市、安阳市、石家庄市和邯郸市，分别超标 43%、44%、44%、46%、47%、51%、53%、56%、56%、59%、59%、64%、66%、69%和 77%；对于 $PM_{2.5}$，京津冀及周边地区“2+26”城市全部超标，超标倍数较高的包括德州市、滨州市、唐山市、晋城市、济南市、衡水市、太原市、济宁市、新乡市、保定市、淄博市、聊城市、郑州市、菏泽市、开封市、鹤壁市、石家庄市、焦作市、濮阳市、邢台市、邯郸市和安阳市，分别超标 51%、51%、54%、54%、57%、60%、60%、60%、60%、66%、66%、66%、66%、69%、74%、74%、80%、80%、80%、86%、89%和 103%；对于 O_3，京津冀及周边地区“2+26”城市全部超标，超标倍数较高的包括天津市、邯郸市、晋城市、济南市、安阳市、保定市、淄博市、石家庄市、聊城市、滨州市和邢台市，分别超标 25%、26%、26%、26%、26%、27%、28%、29%、30%、30%和 31%（图 6-13）。

综合分析 2017 年京津冀及周边地区“2+26”城市环境空气质量监测数据，可以看出，邢台、安阳、邯郸、石家庄等城市大气环境质量总体较差，各项污染物浓度显著高于其他城市。

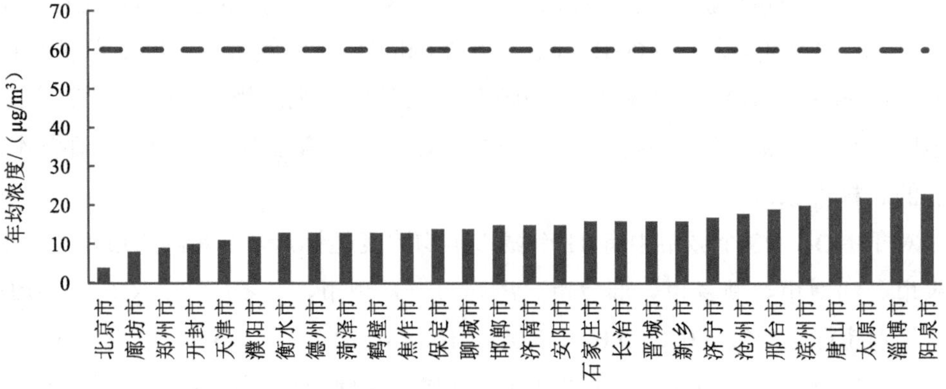

（a）SO_2

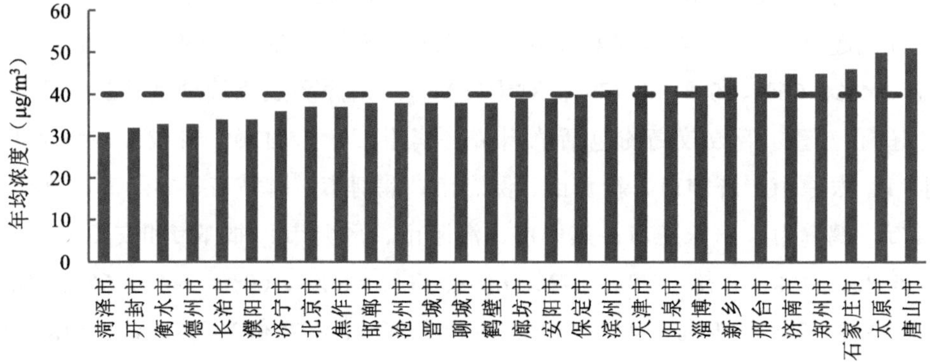

（b）NO_2

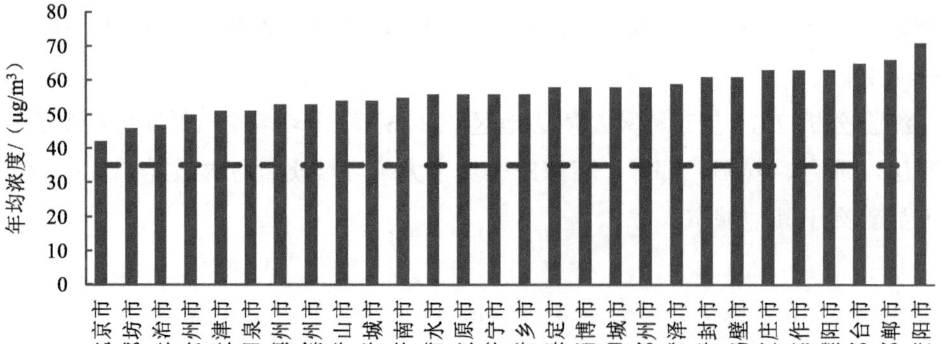

（c）$PM_{2.5}$

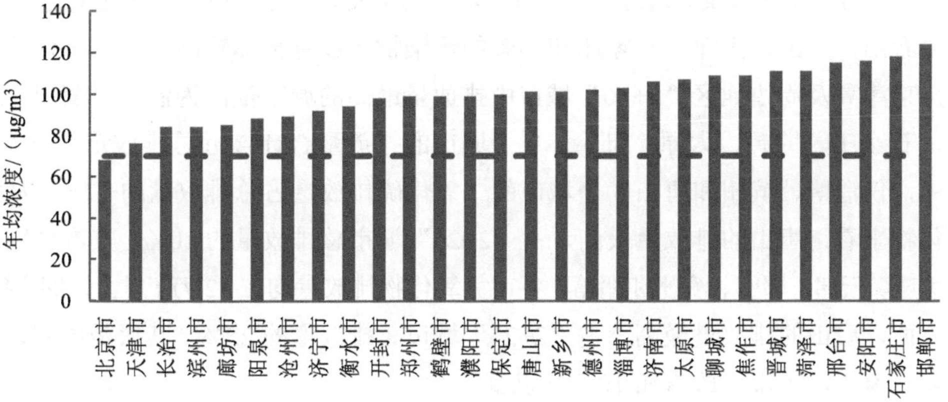

（d）PM_{10}

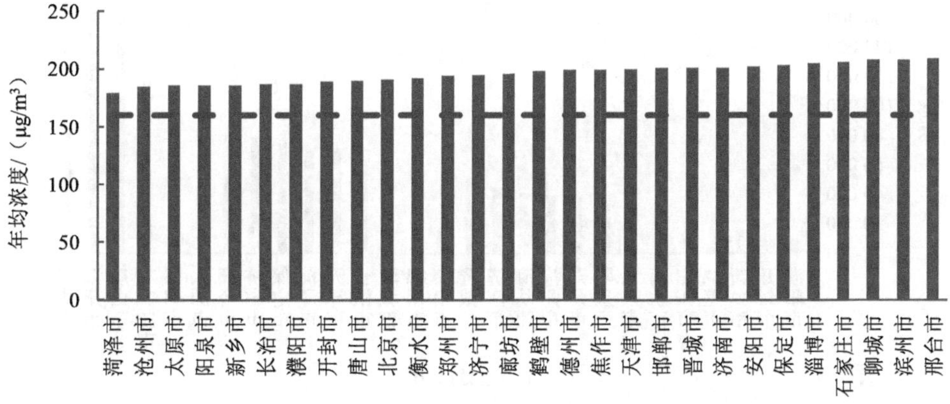

（e）O_3

图 6-13　“2+26”城市大气污染物浓度及超标情况

6.2.2　大气污染物排放总体情况

根据 2017 年环境统计数据，京津冀及周边地区二氧化硫、氮氧化物、颗粒物的总排放量分别为 184.6 万 t、236.5 万 t、194.5 万 t。从排放强度来看，“2+26”城市的二氧化硫、氮氧化物、颗粒物排放强度分别为 6.71 t/km^2、8.60 t/km^2、7.07 t/km^2，相比于全国二氧化硫 1.83 t/km^2、氮氧化物 1.85 t/km^2 的平均排放强度较高。

对比分析京津冀及周边地区“2+26”城市的主要大气污染物排放情况（图 6-14）可以看出，唐山、天津、石家庄和邯郸的污染物排放量整体较高。从二氧化硫来看，京津冀及周边地区“2+26”城市中排放量最高的城市依次为淄博、滨州、唐山、石家庄、邯郸、太原、邢台，7 个城市的排放量合计接近总排放量的一半，其中，仅淄博、滨州和唐山 3 个城市的二氧化硫排放量占总排放量的 27%。从氮氧化物来看，唐山的排放量最高，占“2+26”城市总排放量的 10%，其次分别是石家庄、天津、邯郸、滨州和淄博，各市氮氧化物排放量均在 12 万 t 以上。烟（粉）尘方面，唐山的排放量最高，占“2+26”城市总排放量的 25%，其次是邯郸、邢台和石家庄，各市排放量在 10 万 t 以上。

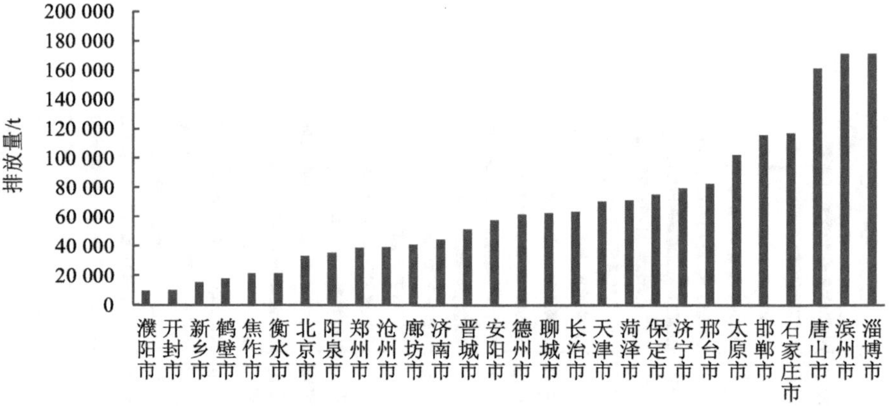

（a）二氧化硫

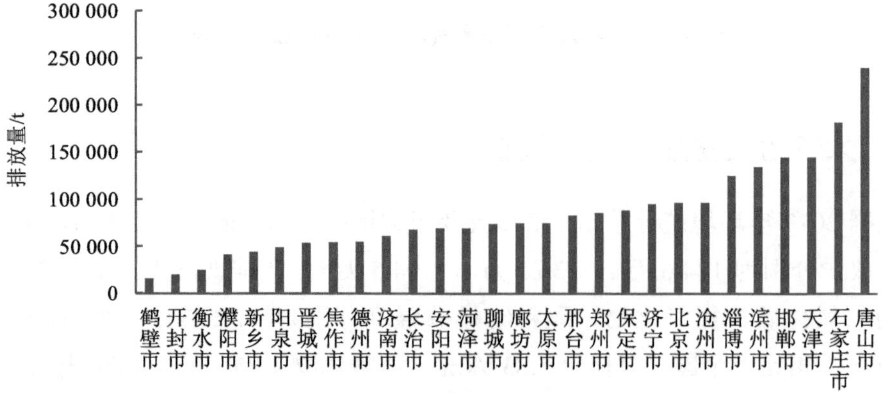

（b）氮氧化物

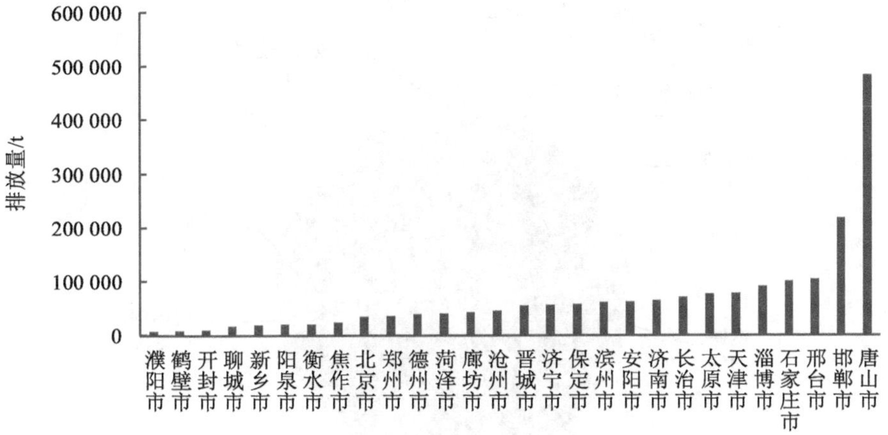

（c）烟（粉）尘

图 6-14　“2+26”城市的主要大气污染物排放情况

从排放源的分布来看，2017 年京津冀及周边地区“2+26”城市污染物排放清单统计结果显示，京津冀及周边地区“2+26”城市的主要排放源为工业源、扬尘源、移动源和生活源。对于二氧化硫，排放量最高的是民用燃烧、钢铁行业、电力供热以及其他工业源，四类排放源合计排放二氧化硫占总排放量的 71.4%，其中民用燃烧的排放量最高，占总排放量的 21.5%。对于氮氧化物，移动源是最主要的排放来源，道路移动源和非道路移动源氮氧化物排放量占总排放量的 50%，其次分别是电力供热，占总排放量的 16.1%。对于颗粒物（$PM_{2.5}$），首要排放来源是道路扬尘，占总排放量的 20.1%，其次是其他工业源、民用燃烧和钢铁行业，这三类排放源占总排放量的 40.2%。总体来看，电力供热、工业锅炉、民用燃烧、钢铁行业以及移动源和扬尘源是京津冀及周边地区“2+26”城市大气污染物排放的主要来源（图 6-15）。

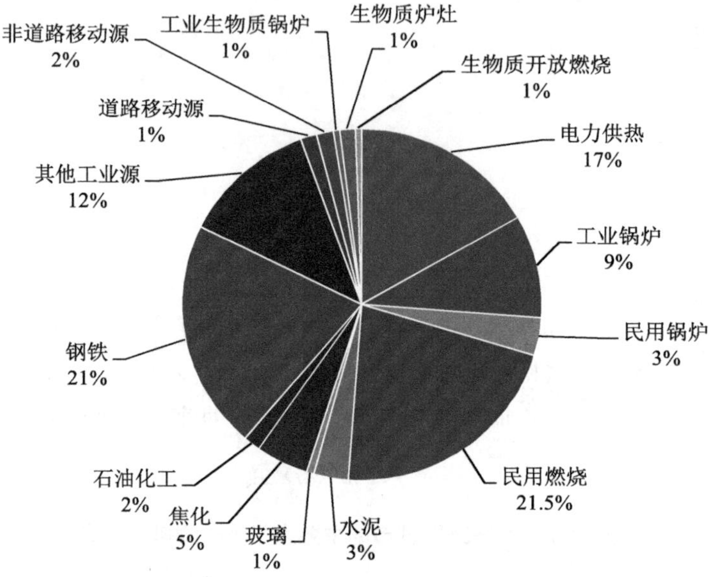
非道路移动源
2%
工业生物质锅炉
1%
生物质炉灶
1%
生物质开放燃烧
1%
道路移动源
1%
电力供热
17%
其他工业源
12%
工业锅炉
9%
民用锅炉
3%
钢铁
21%
石油化工
2%
焦化
5%
玻璃
1%
水泥
3%
民用燃烧
21.5%

（a）二氧化硫

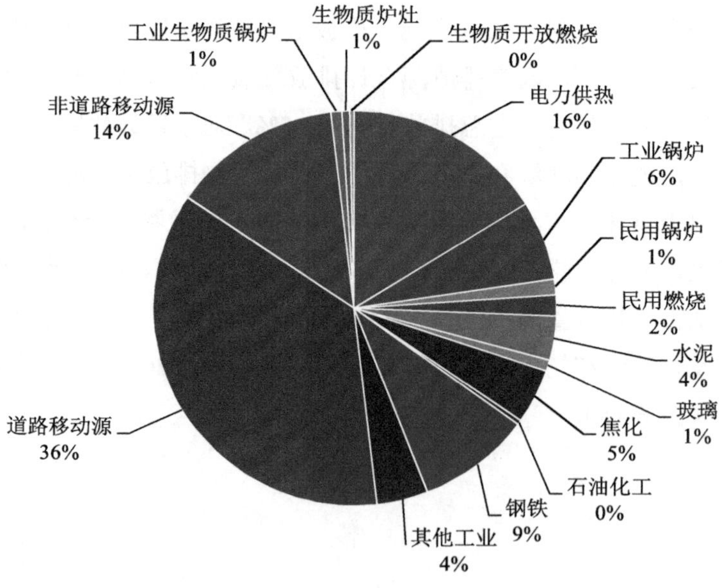
工业生物质锅炉
1%
生物质炉灶
1%
生物质开放燃烧
0%
非道路移动源
14%
电力供热
16%
工业锅炉
6%
民用锅炉
1%
民用燃烧
2%
水泥
4%
玻璃
1%
道路移动源
36%
焦化
5%
石油化工
0%
钢铁
9%
其他工业
4%

（b）氮氧化物

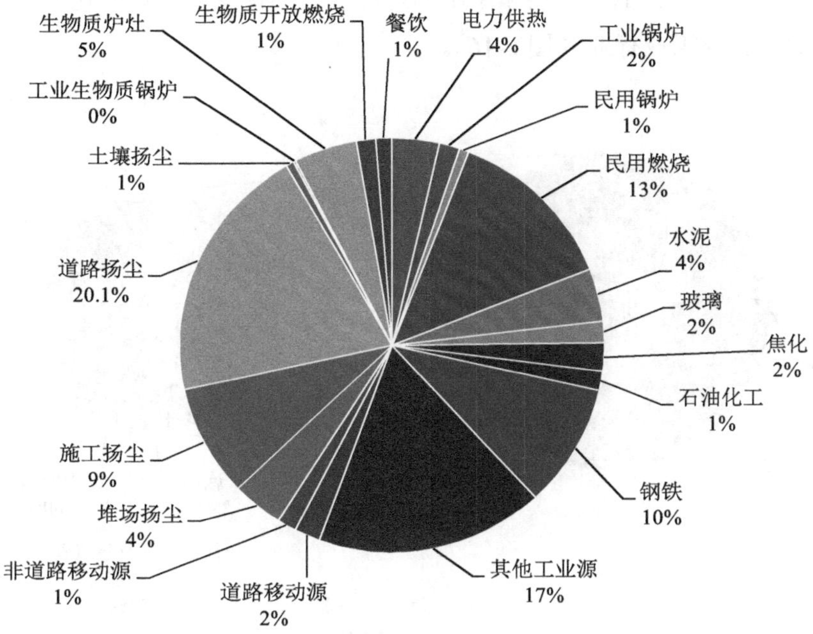

（c）$PM_{2.5}$

图 6-15　各行业污染物排放占比

6.2.3　各城市大气污染物排放源分布特征分析

（1）安阳市

安阳市的二氧化硫、氮氧化物和烟（粉）尘的排放量分别为 5.8 万 t、6.9 万 t、6.2 万 t。从排放源构成上来看，安阳市的二氧化硫排放源主要为工业源，占总排放量的 82.14%。在工业源中，二氧化硫排放量主要集中在炼钢和炼铁行业，合计占工业源排放量的 48.54%。氮氧化物方面，工业源和机动车是最主要的排放源，占全市总排放量的 98.22%。工业源中，烟煤和无烟煤的开采洗选行业为主要排放源，其次分别是其他煤炭采选、铁矿采选、其他黑色金属矿采选、石灰石、石膏开采和其他未列明非金属矿采选，六类源排放占工业源排放量的 90%。烟（粉）尘方面，工业源依旧是最大的排放源，占总排放量的 83.14%，其中炼钢和水泥制造行业是主要排放源。总体来看，安阳市大气污染物排放的主要行业是钢铁行业、焦化行业、移动源、电力供热和民用燃烧源，其中钢铁行业和焦化行业是大气污染物排放的首要工业行业（图 6-16）。

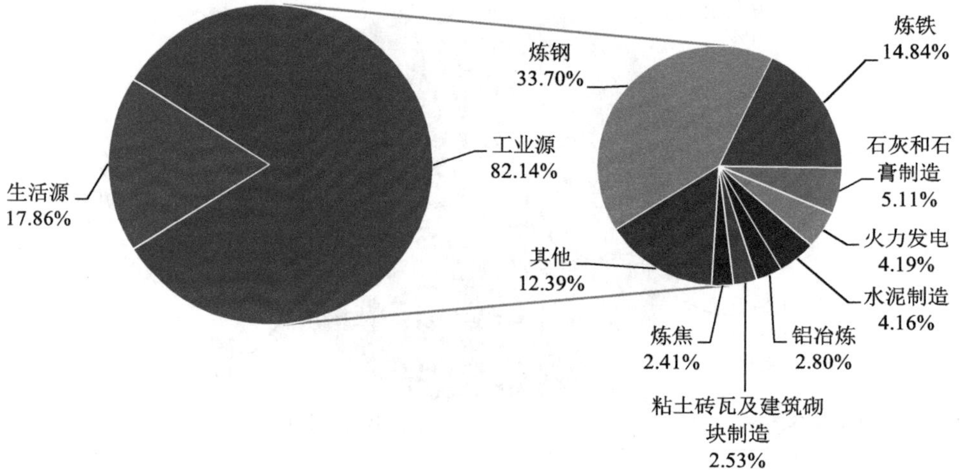

（a）二氧化硫

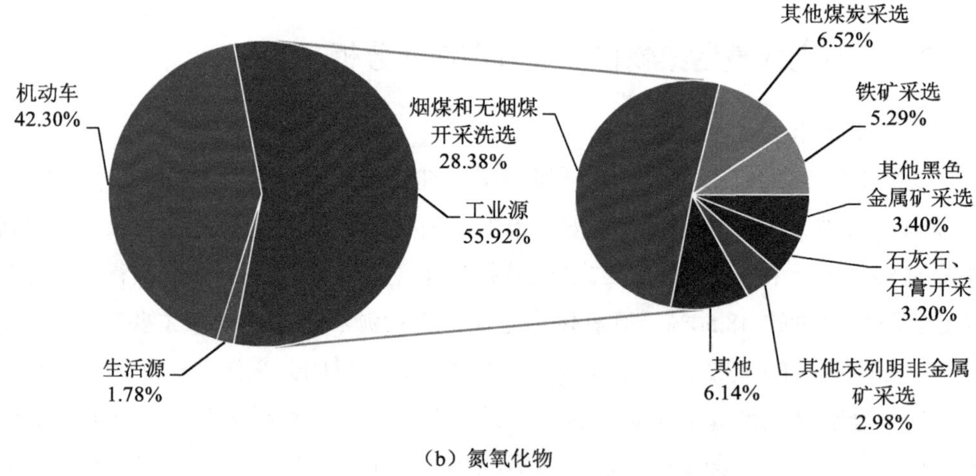

（b）氮氧化物

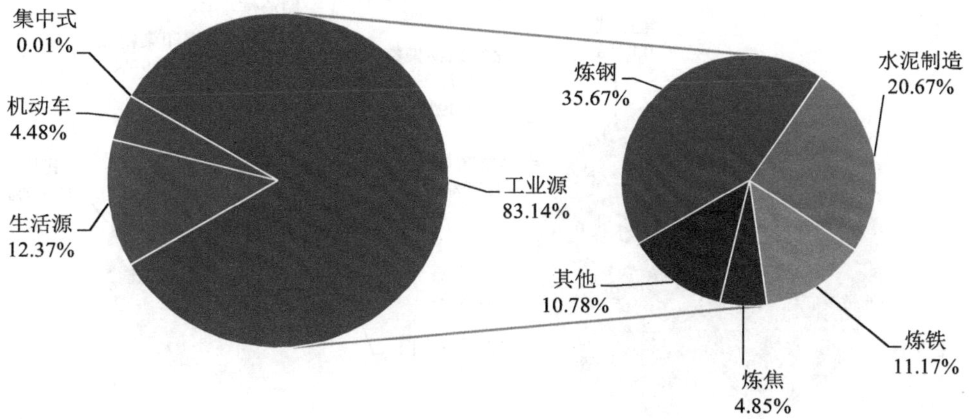

（c）烟（粉）尘

图 6-16　安阳市二氧化硫、氮氧化物和烟（粉）尘的排放源分析

（2）保定市

保定市的二氧化硫、氮氧化物和烟（粉）尘排放量分别为 7.5 万 t、8.8 万 t、5.8 万 t。从各项污染物的排放源构成来看，二氧化硫的主要排放源是生活源和工业源，占全市总排放量的比例分别为 68.12%和 31.87%，在工业源中，机制纸及纸板制造、化纤织造加工和炼铁行业为主要排放源；氮氧化物排放主要集中在机动车，占比为 75.23%，其次为工业源，其中水泥制造、火力发电和炼铁行业是主要排放源；烟（粉）尘方面，生活源占全市总排放量的 78.91%，其次是工业源，占 18.93%，其中工业源的排放集中在水泥制造和炼铁行业。总体上，保定市的大气污染物排放源主要集中在水泥制造、炼铁和机动车，从工业排放的角度，应当重点关注工业锅炉（图 6-17）。

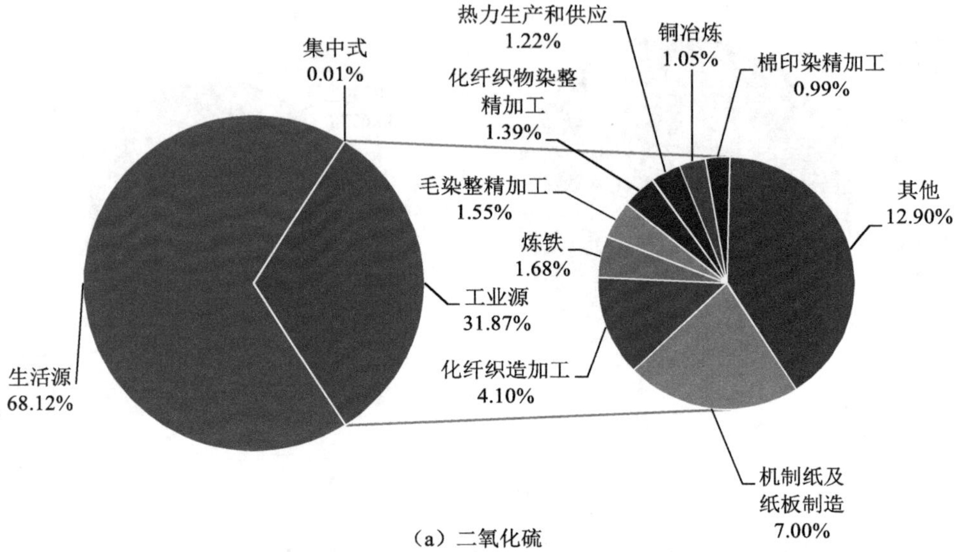
热力生产和供应
1.22%
铜冶炼
1.05%
集中式
0.01%
棉印染精加工
0.99%
化纤织物染整
精加工
1.39%
毛染整精加工
1.55%
其他
12.90%
炼铁
1.68%
工业源
31.87%
化纤织造加工
4.10%
生活源
68.12%
机制纸及
纸板制造
7.00%

（a）二氧化硫

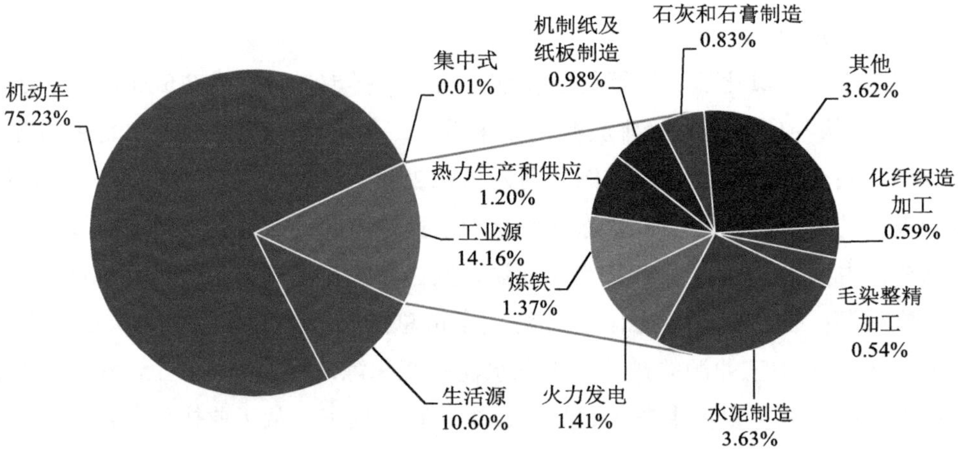
机制纸及
纸板制造
0.98%
石灰和石膏制造
0.83%
集中式
0.01%
其他
3.62%
机动车
75.23%
热力生产和供应
1.20%
化纤织造
加工
0.59%
工业源
14.16%
炼铁
1.37%
毛染整精
加工
0.54%
生活源
10.60%
火力发电
1.41%
水泥制造
3.63%

（b）氮氧化物

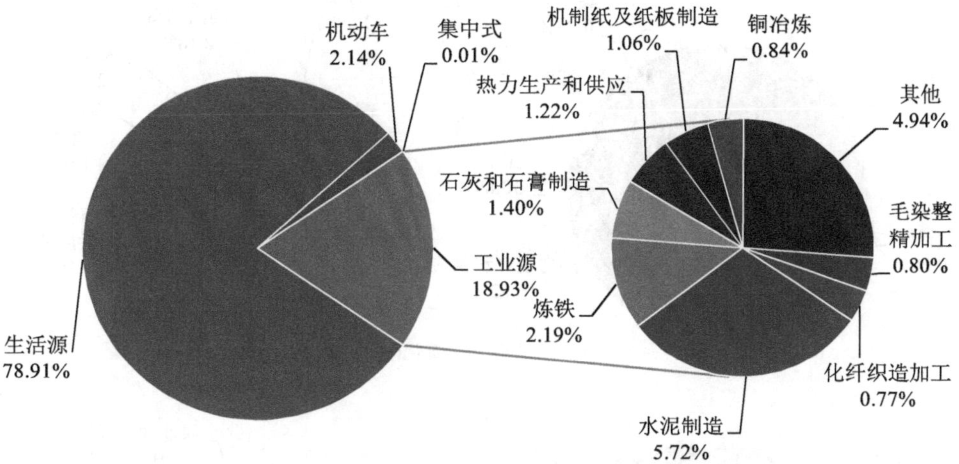

（c）烟（粉）尘

图 6-17　保定市二氧化硫、氮氧化物和烟（粉）尘的排放源分析

（3）北京市

北京市的二氧化硫、氮氧化物和烟（粉）尘排放量分别为 3.3 万 t、9.6 万 t、3.5 万 t。从各项污染物的排放源构成来看，二氧化硫的主要排放源是生活源和工业源，占全市总排放量的比例分别为 69.09%和 30.89%，工业源中，热力生产和供应行业为主要排放源，占工业源排放量的 53.81%；氮氧化物排放主要集中在机动车，占比为 63.48%，其次为工业源，比例为 24.36%，工业源中热力生产供应和火力发电是主要排放源，占工业源排放量的 61%；烟（粉）尘方面，生活源占全市总排放量的 71.32%，其次是工业源，占 22.80%，其中工业源的排放集中在热力生产和供应行业。总体上，北京市的大气污染物排放源主要集中在热力生产供应、火力发电与机动车（图 6-18）。

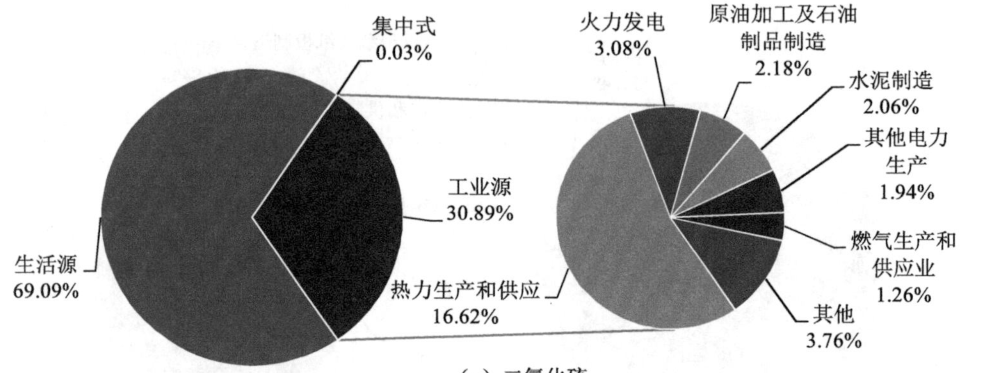

（a）二氧化硫

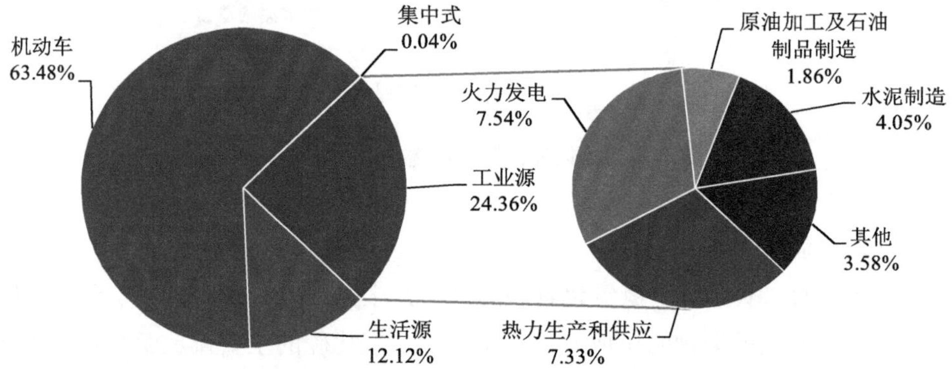

（b）氮氧化物

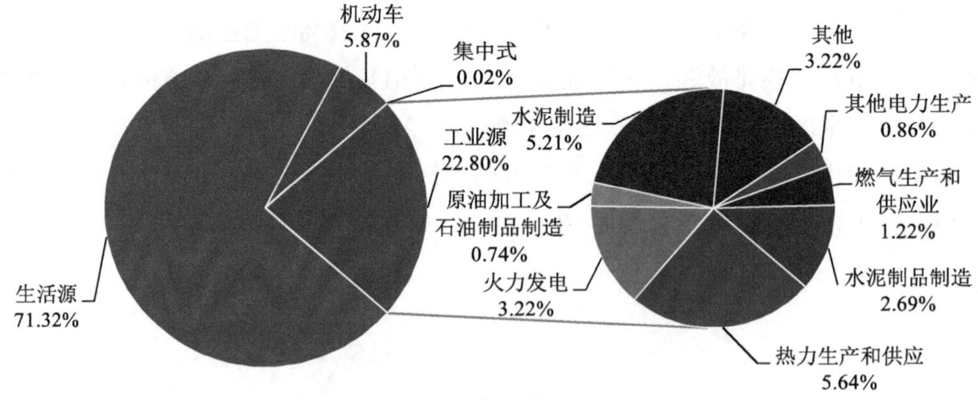

（c）烟（粉）尘

图 6-18　北京市二氧化硫、氮氧化物和烟（粉）尘的排放源分析

（4）滨州市

滨州市的二氧化硫、氮氧化物、烟（粉）尘排放量分别为 17.1 万 t、13.5 万 t、6.1 万 t。从各项污染物的污染源构成来看，二氧化硫的主要贡献源是工业源，占总排放量的 91.89%，主要排放源集中在铝冶炼、火力发电和炼钢行业。工业源是滨州市氮氧化物排放最主要的来源，占总排放量的 88.84%，在工业源中，火力发电行业是排放的主要来源，占工业源排放量的 76.33%。烟（粉）尘方面，排放量主要来自以炼钢、火力发电、铝冶炼行业为主的工业排放源。总体上看，滨州市大气污染物排放的主要来源是火力发电、钢铁行业、铝冶炼等其他工业行业排放源（图 6-19）。

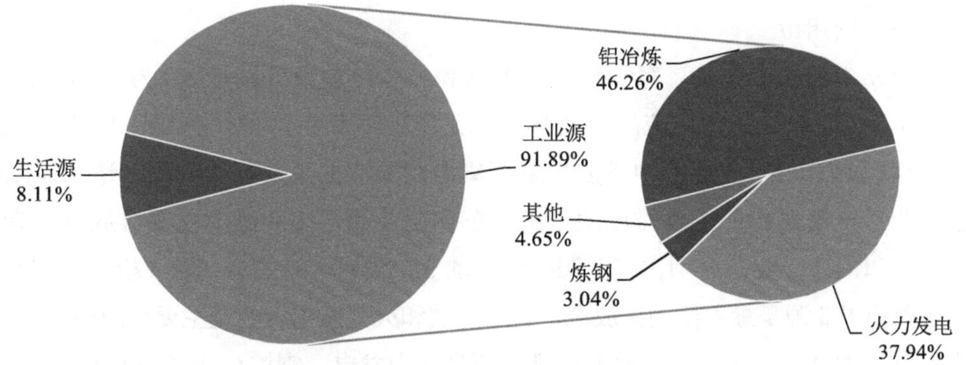

（a）二氧化硫

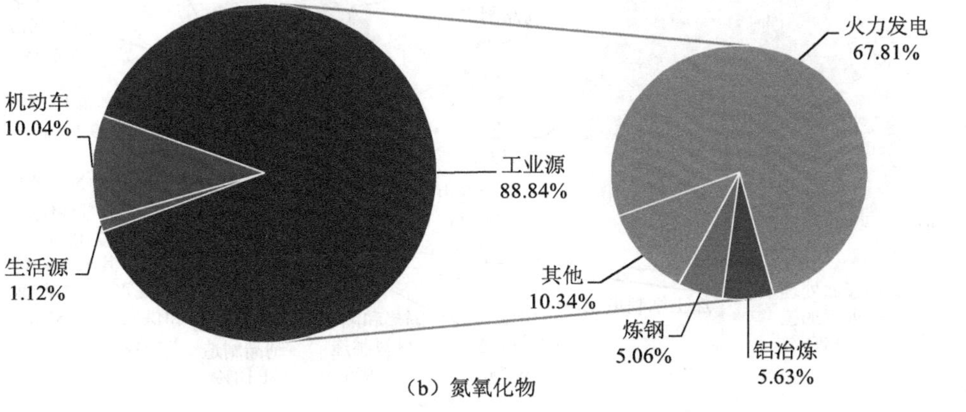

（b）氮氧化物

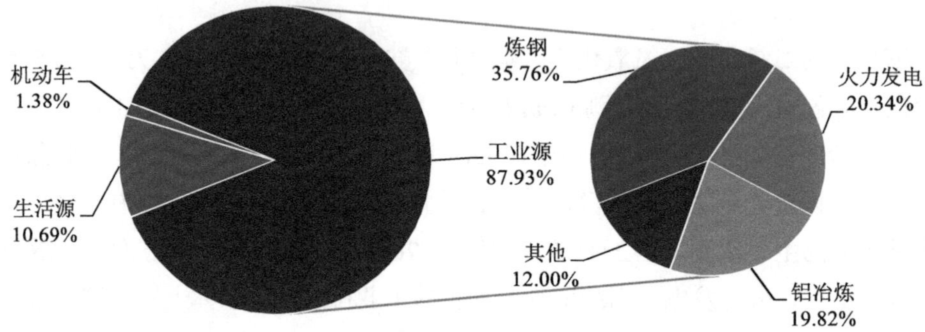

（c）烟（粉）尘

图 6-19 滨州市二氧化硫、氮氧化物和烟（粉）尘的排放源分析

（5）沧州市

沧州市的二氧化硫、氮氧化物、烟（粉）尘排放量分别是 3.9 万 t、9.6 万 t、4.5 万 t。其中，二氧化硫的主要排放源是工业源和生活源，分别占总排放量的 55.33%、44.67%，工业源中排放量主要集中在原油加工及石油制品制造和氮肥制造行业。氮氧化物的主要排放源是机动车和工业源，工业源中主要排放行业为火力发电和钢铁行业，分别占工业源排放量的 38.88%和 17.27%。烟（粉）尘方面，生活源和工业源是最主要的排放源，其中炼铁和火力发电行业是主要排放源。综上，沧州市的大气污染物排放主要工业排放源是火力发电、钢铁行业（图 6-20）。

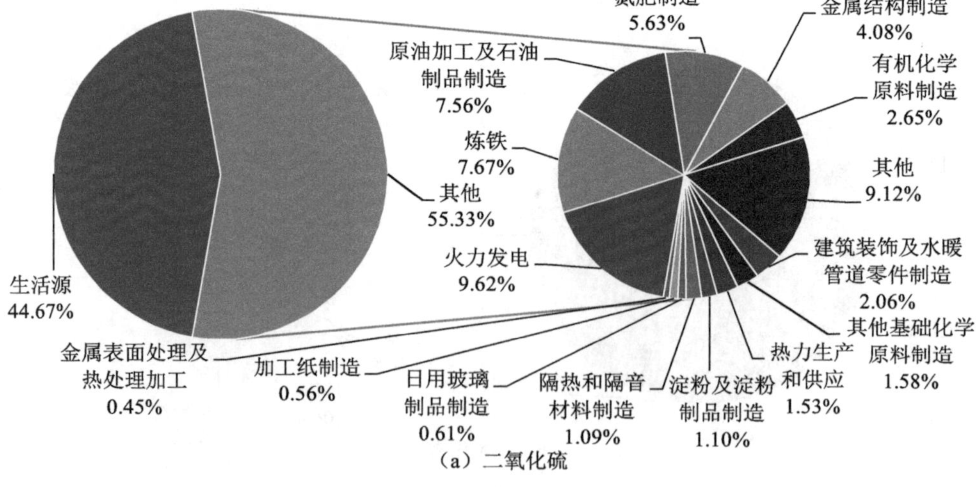

（a）二氧化硫

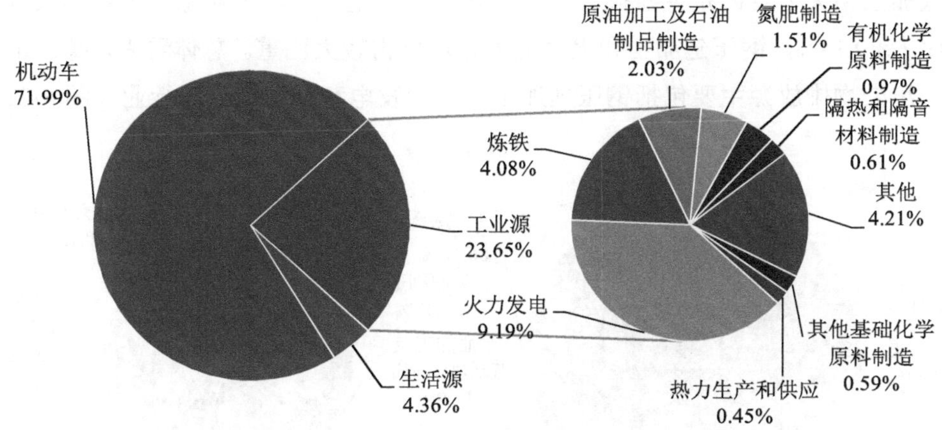

（b）氮氧化物

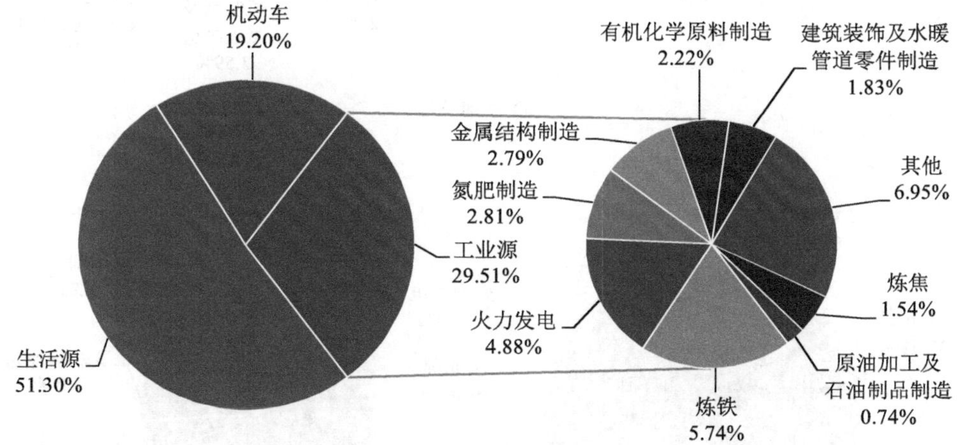

（c）烟（粉）尘

图 6-20　沧州市二氧化硫、氮氧化物和烟（粉）尘的排放源分析

（6）德州市

德州市的二氧化硫、氮氧化物和烟（粉）尘排放量分别为 6.2 万 t、5.5 万 t、3.9 万 t。从各项污染物的排放源构成来看，二氧化硫的主要排放源是工业源，占德州市二氧化硫总排放量的 86.68%，其中氮肥制造和火力发电行业为主要排放源，占比为 51%；对于氮氧化物，工业源是最主要的排放源，占比为 64.34%，钢压延加工和火力发电是主要排放行业。烟（粉）尘方面，工业源是主要排放源，占比为 89.18%，钢压延加工和火力发电行业仍占较大比重。总体看来，德州市的大气污染物排放源主要包括钢压延加工、火力发电和氨肥制造等行业（图 6-21）。

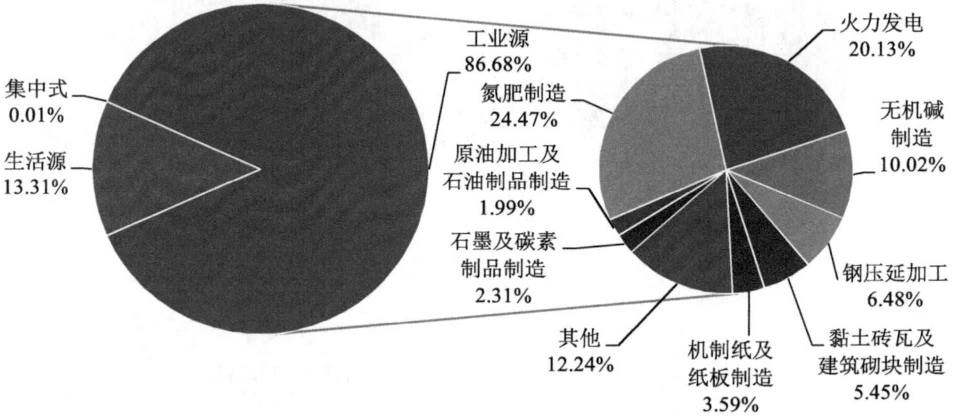

（a）二氧化硫

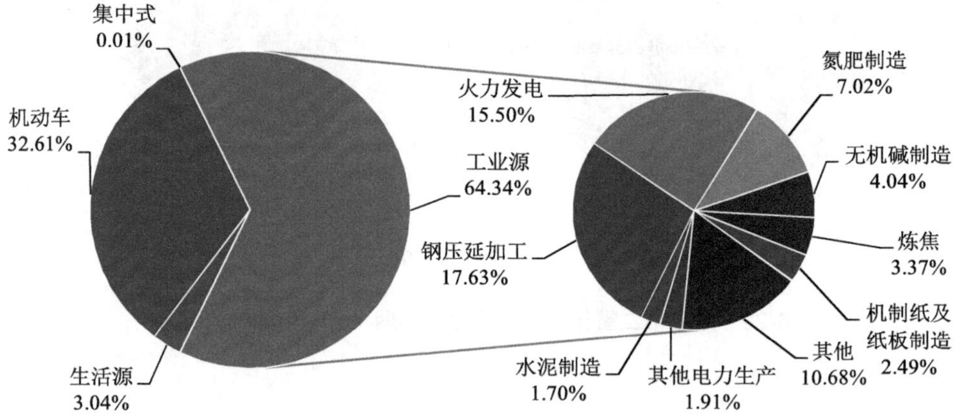

（b）氮氧化物

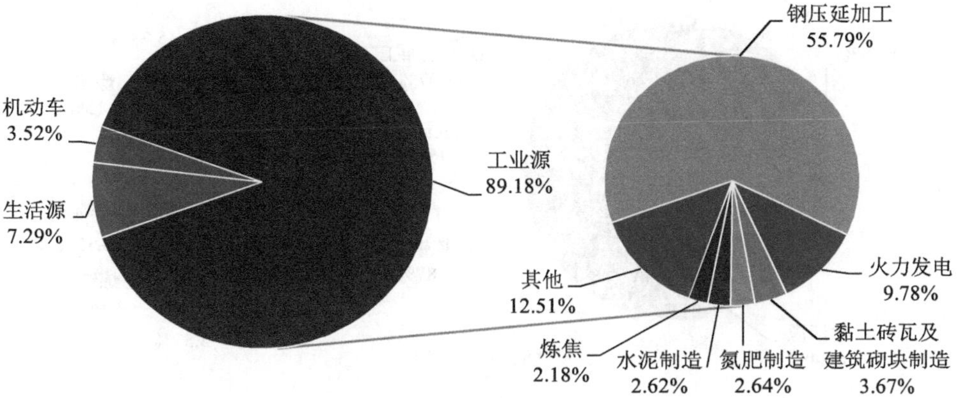

（c）烟（粉）尘

图 6-21　德州市二氧化硫、氮氧化物和烟（粉）尘的排放源分析

（7）邯郸市

邯郸市的二氧化硫、氮氧化物、烟（粉）尘排放量分别为 11.5 万 t、14.5 万 t、21.8 万 t。从各项污染物排放源构成来看，二氧化硫的主要排放源是工业源和生活源，占比分别为 61.78%和 38.22%，其中，工业源中炼钢和钢压延加工行业是主要排放源，占比 62.5%；工业源和机动车是氮氧化物的主要排放源，分别占全市总排放量的 52.96%和 38.80%，工业源中的主要排放源也是炼钢和钢压延加工；烟（粉）尘方面，工业源是主要的排放源，占比 53.92%。综合来看，邯郸市大气污染物的主要排放源是钢铁行业和机动车（图 6-22）。

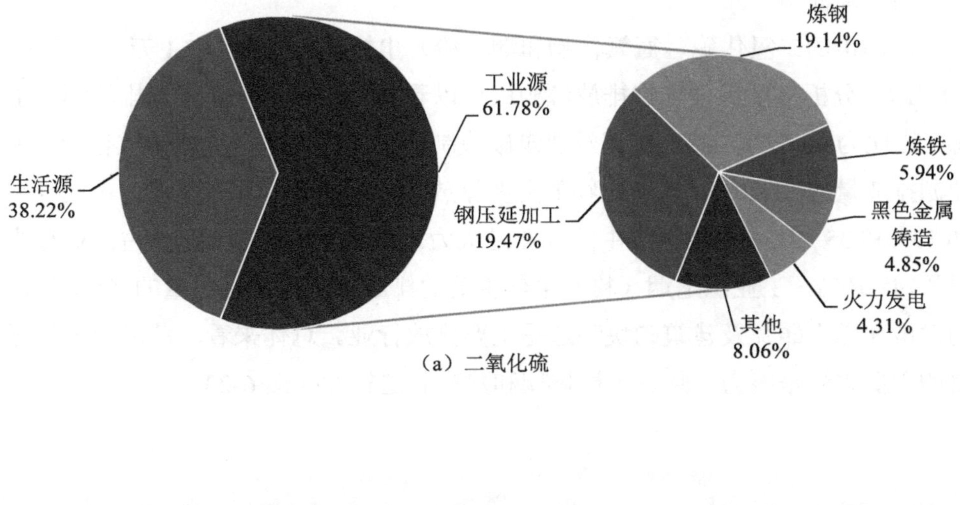

（a）二氧化硫

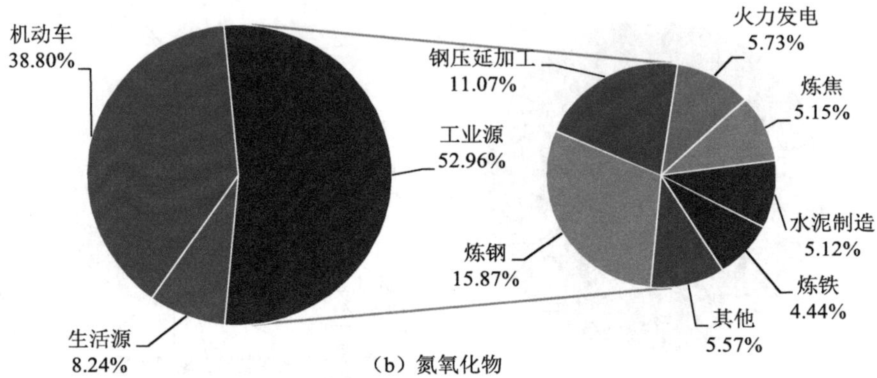

（b）氮氧化物

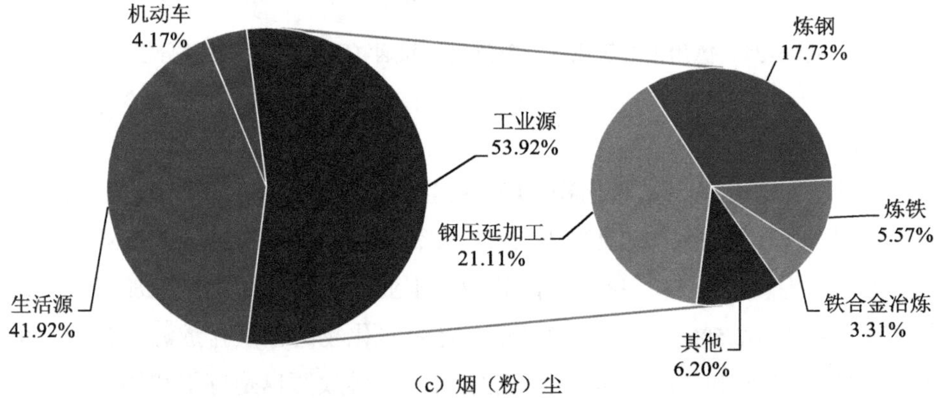

（c）烟（粉）尘

图 6-22 邯郸市二氧化硫、氮氧化物和烟（粉）尘的排放源分析

（8）菏泽市

菏泽市的二氧化硫、氮氧化物和烟（粉）尘排放量分别为 7.1 万 t、6.9 万 t、4.1 万 t。分析各项污染物的排放源构成可以看出，二氧化硫的主要排放源是工业源，占比为 60.67%，黏土砖瓦及建筑砌块制造和火力发电是主要排放行业，占工业源排放量的 51.29%；氮氧化物的主要排放源包括机动车和工业源，占比分别是 60.35%和 35.32%，排放源集中的行业是火力发电和平板玻璃制造，占工业源排放量的 48.10%。工业源是烟（粉）尘最主要的排放源，占总排放量的 58.11%，火力发电和黏土砖瓦及建筑砌块制造是主要排放行业。总体来看，菏泽市大气污染物的主要来源是电力供热、平板玻璃和建筑制造行业（图 6-23）。

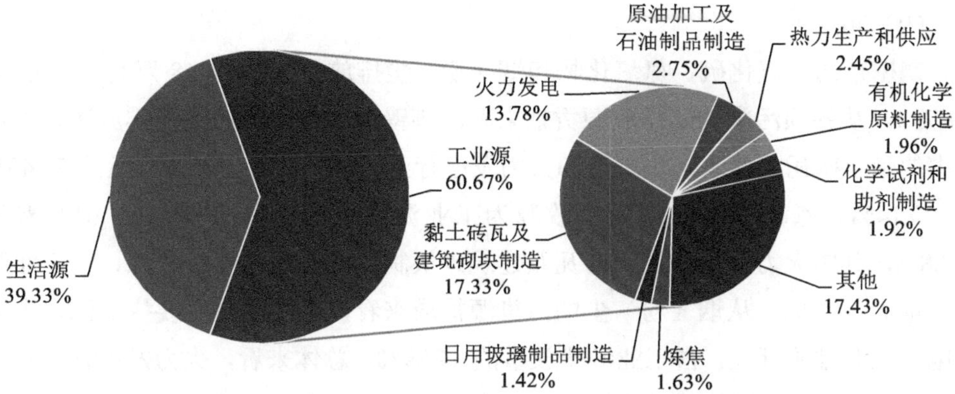

（a）二氧化硫

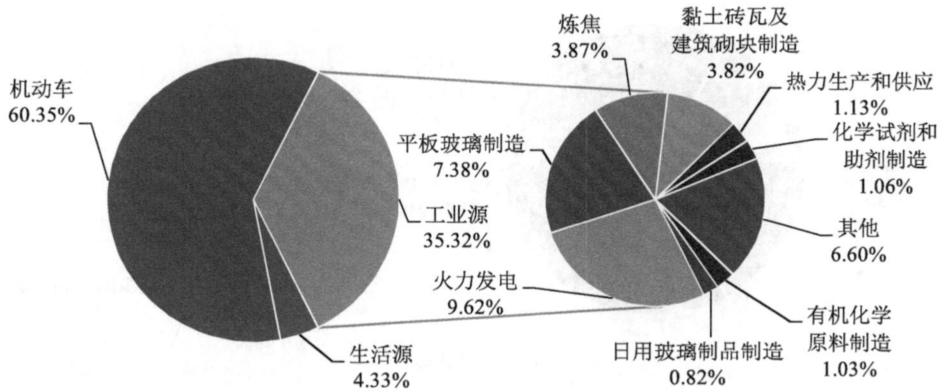

（b）氮氧化物

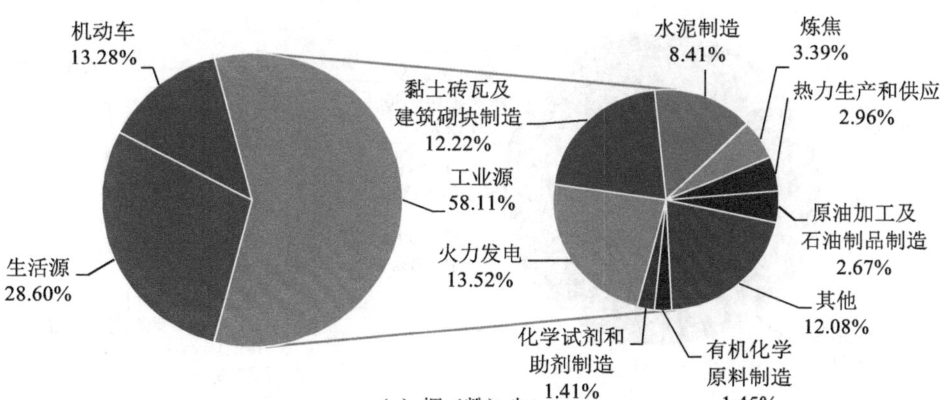

（c）烟（粉）尘

图 6-23　菏泽市二氧化硫、氮氧化物和烟（粉）尘的排放源分析

（9）鹤壁市

鹤壁市的二氧化硫、氮氧化物和烟（粉）尘排放量分别为 1.8 万 t、1.5 万 t、0.9 万 t。从各项污染物的排放源贡献来看，鹤壁市二氧化硫的主要排放源为工业源中的黏土砖瓦及建筑砌块制造和火力发电行业，分别占工业源排放量的 55.45%和 20.14%。氮氧化物的主要排放源为工业源和机动车，分别占比 61.91%和 29.88%，其中火力发电和黏土砖瓦及建筑砌块制造行业是主要排放源，占工业源排放量的 50.8%。从烟（粉）尘的污染源构成来看，工业源是主要排放源，火力发电是主要排放行业，占工业源排放量的 47.89%。总体来看，火力发电行业是鹤壁市的主要大气污染物排放来源（图 6-24）。

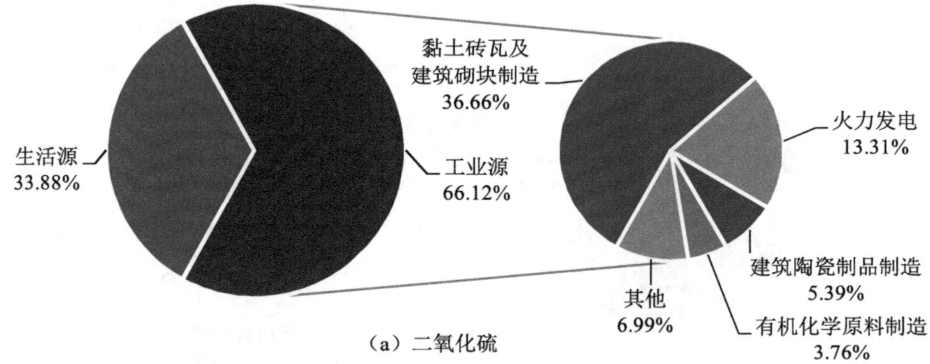

（a）二氧化硫

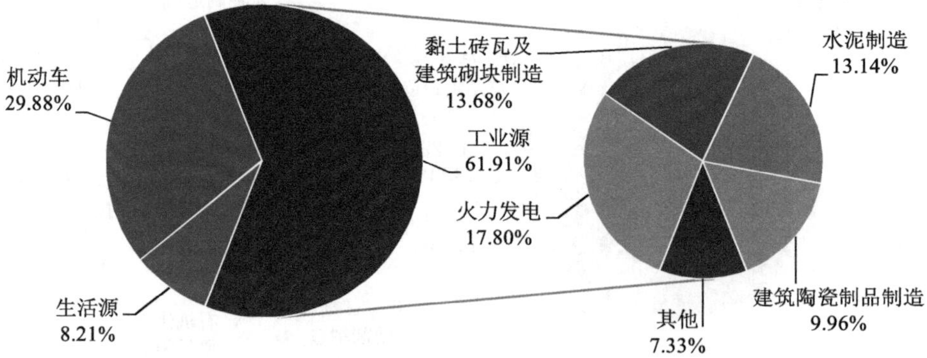

（b）氮氧化物

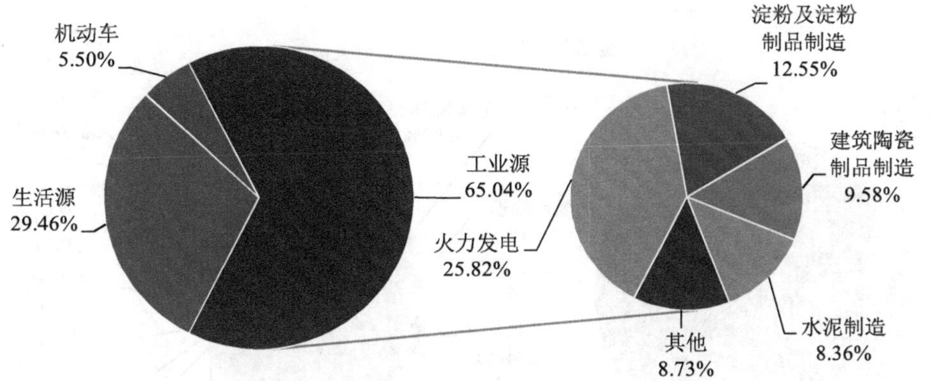

（c）烟（粉）尘

图 6-24　鹤壁市二氧化硫、氮氧化物和烟（粉）尘的排放源分析

（10）衡水市

衡水市的二氧化硫、氮氧化物和烟（粉）尘排放量分别为 2.1 万 t、2.5 万 t、2 万 t。从各项污染物的排放源构成来看，衡水市的二氧化硫排放主要集中在生活源和工业源，其中工业源中最主要的排放行业是金属制造和火力发电。氮氧化物排放主要来源于机动车，占 67.39%，其次是工业源，火力发电行业占工业源排放量的 32.65%。烟（粉）尘的主要排放源是生活源和工业源，分别占比为 54.89%、35.31%。总体来看，衡水市的主要大气污染物排放集中在火力发电、金属制造和机动车（图 6-25）。

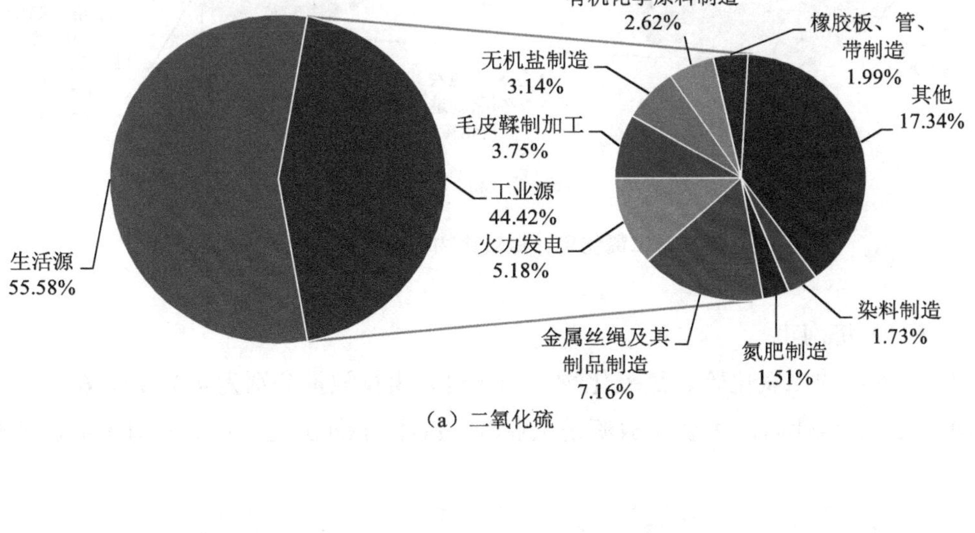

（a）二氧化硫

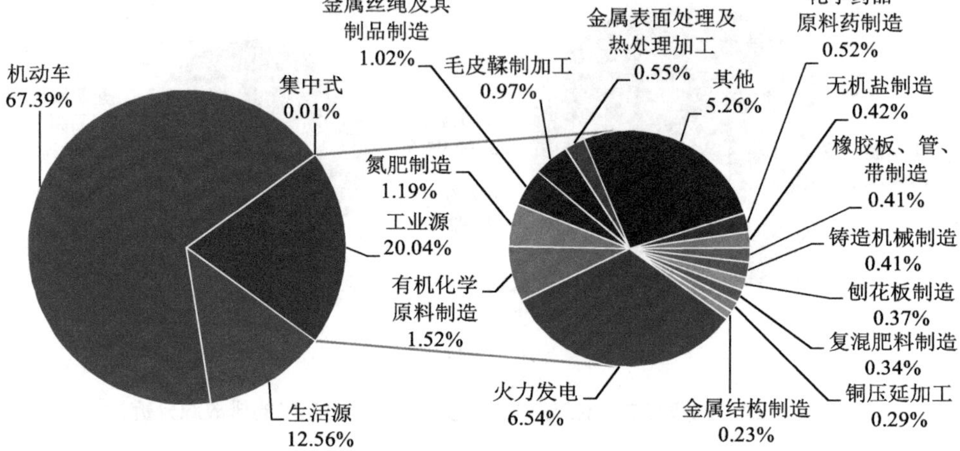

（b）氮氧化物

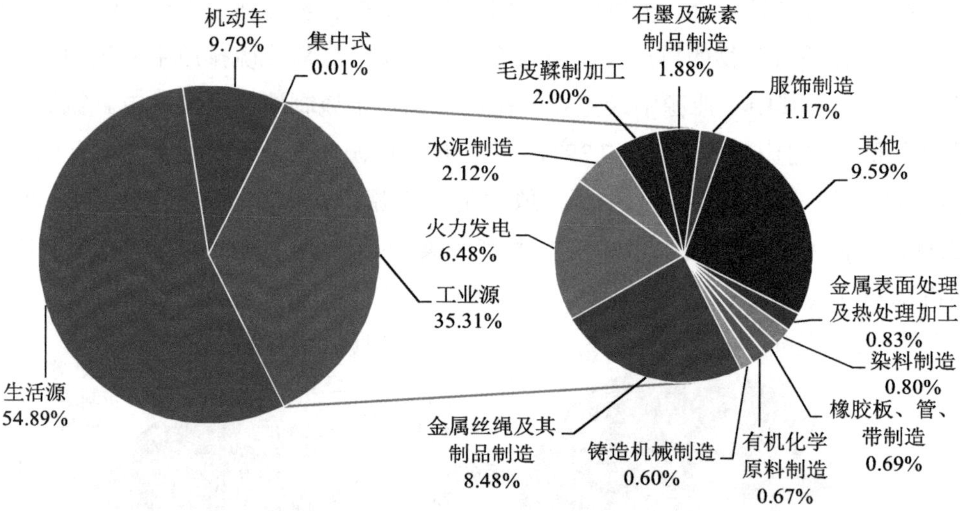

（c）烟（粉）尘

图 6-25　衡水市二氧化硫、氮氧化物和烟（粉）尘的排放源分析

（11）济南市

济南市的二氧化硫、氮氧化物、烟（粉）尘排放量分别为 4.4 万 t、6.1 万 t、6.4 万 t。二氧化硫的主要排放源是工业源，占比为 64.09%，其中炼钢是主要排放行业，占工业源排放量的 36.68%。氮氧化物排放的主要来源是工业源和机动车，占比分别为 56.49%和 40.07%，工业源中的主要排放源也是炼钢行业，占工业源排放量的 34.08%。烟（粉）尘的主要排放源是工业源，占总排放量的 85.1%。炼钢、炼铁和水泥制造是主要排放行业（图 6-26）。综上，济南市的主要工业排放源是钢铁行业。

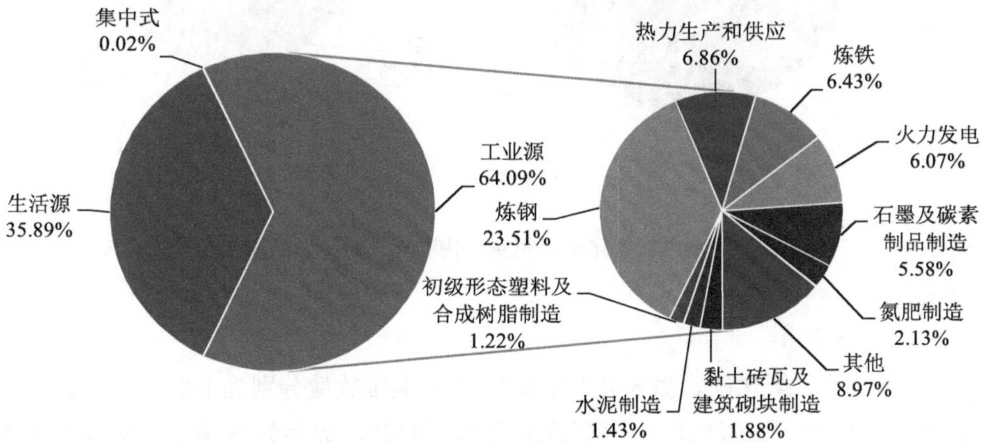

（a）二氧化硫

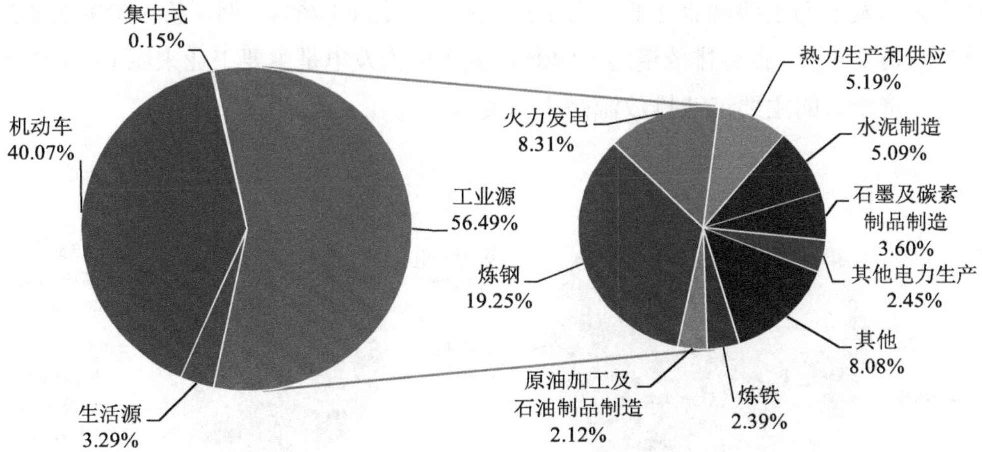

（b）氮氧化物

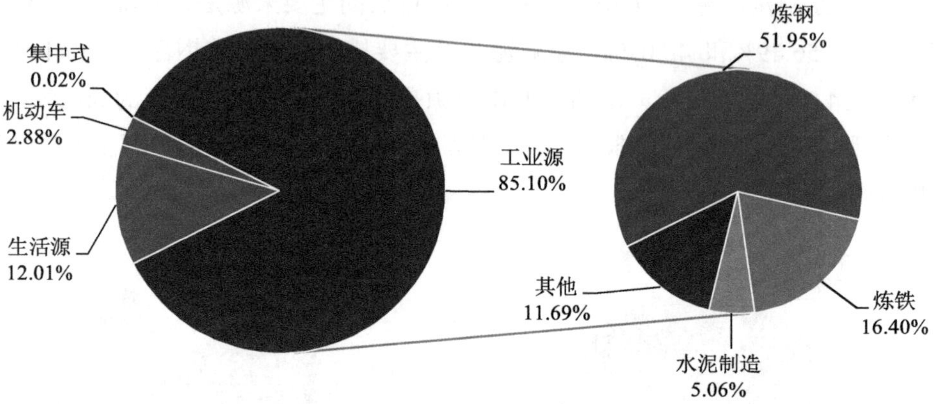

（c）烟（粉）尘

图 6-26 济南市二氧化硫、氮氧化物和烟（粉）尘的排放源分析

（12）济宁市

济宁市的二氧化硫、氮氧化物、烟（粉）尘排放量分别为 8.0 万 t、9.5 万 t、5.6 万 t。其中，二氧化硫的主要排放源是工业源，火力发电占工业源排放量的 63.97%。氮氧化物排放的主要来源是工业源、机动车，占比分别为 51.29%、43.63%，其中火力发电为主要排放行业，占工业源排放量的 63.76%。烟（粉）尘的主要排放来源是工业源，占总排放量的 52.40%，其中火力发电是主要工业来源（图 6-27）。综上，济宁市的主要工业排放源是火力发电。

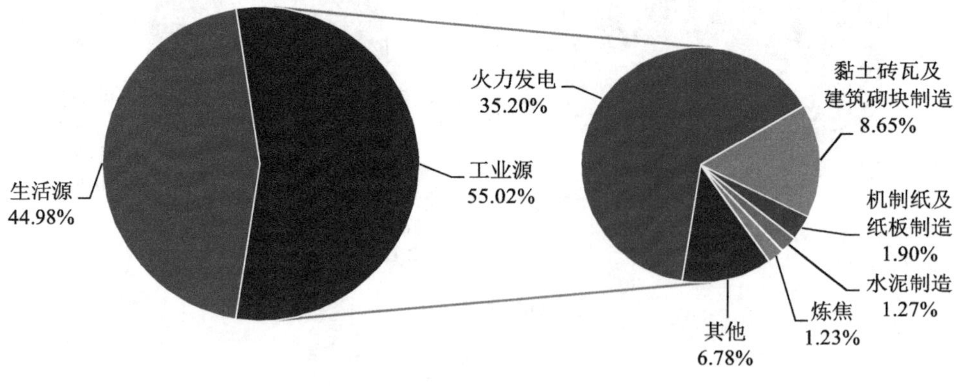

（a）二氧化硫

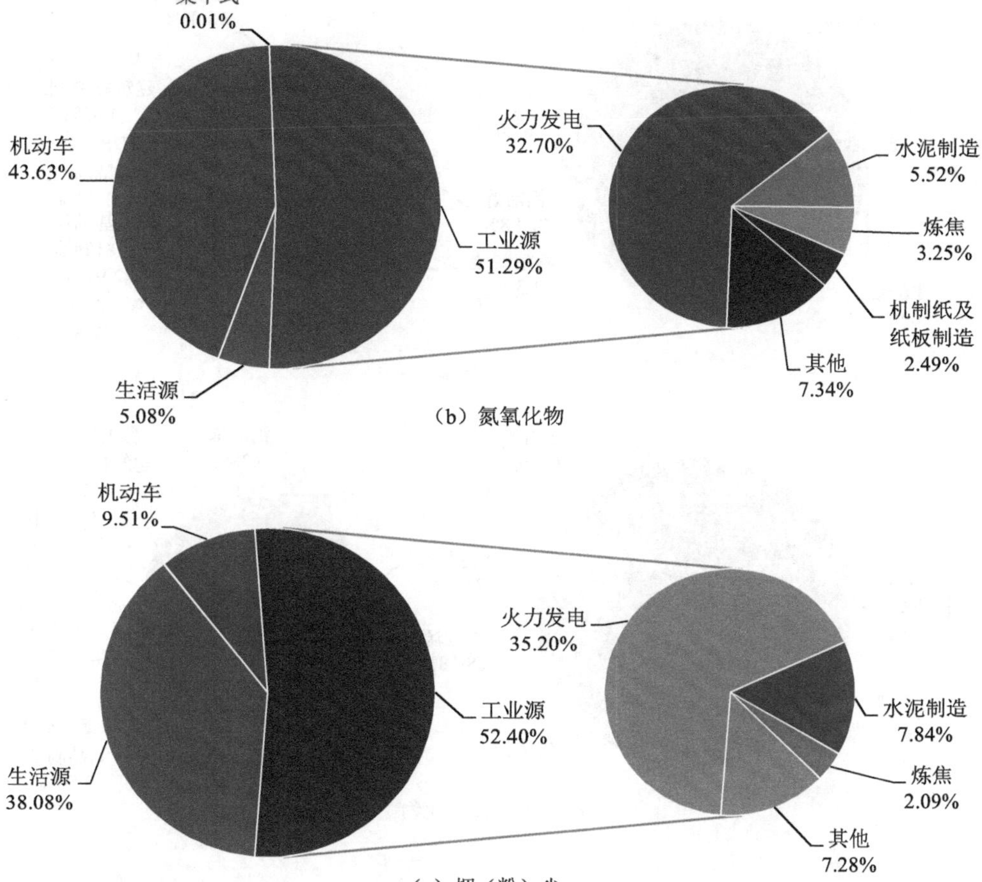

（b）氮氧化物

（c）烟（粉）尘

图 6-27　济宁市二氧化硫、氮氧化物和烟（粉）尘的排放源分析

（13）焦作市

焦作市的二氧化硫、氮氧化物、烟（粉）尘排放量分别为 2.1 万 t、5.4 万 t、2.3 万 t。其中，二氧化硫的主要排放源是工业源，占比为 63.02%，工业源中排放量最高的行业为铝冶炼，占工业源排放量的 36.31%。氮氧化物排放的主要来源是机动车，占比为 68.11%，工业源中的主要排放行业是火力发电和水泥制造。烟（粉）尘的主要排放源是工业源，铝冶炼和火力发电行业合计占工业排放量的 59%（图 6-28）。综上，焦作市的主要工业排放源是铝冶炼、火力发电。

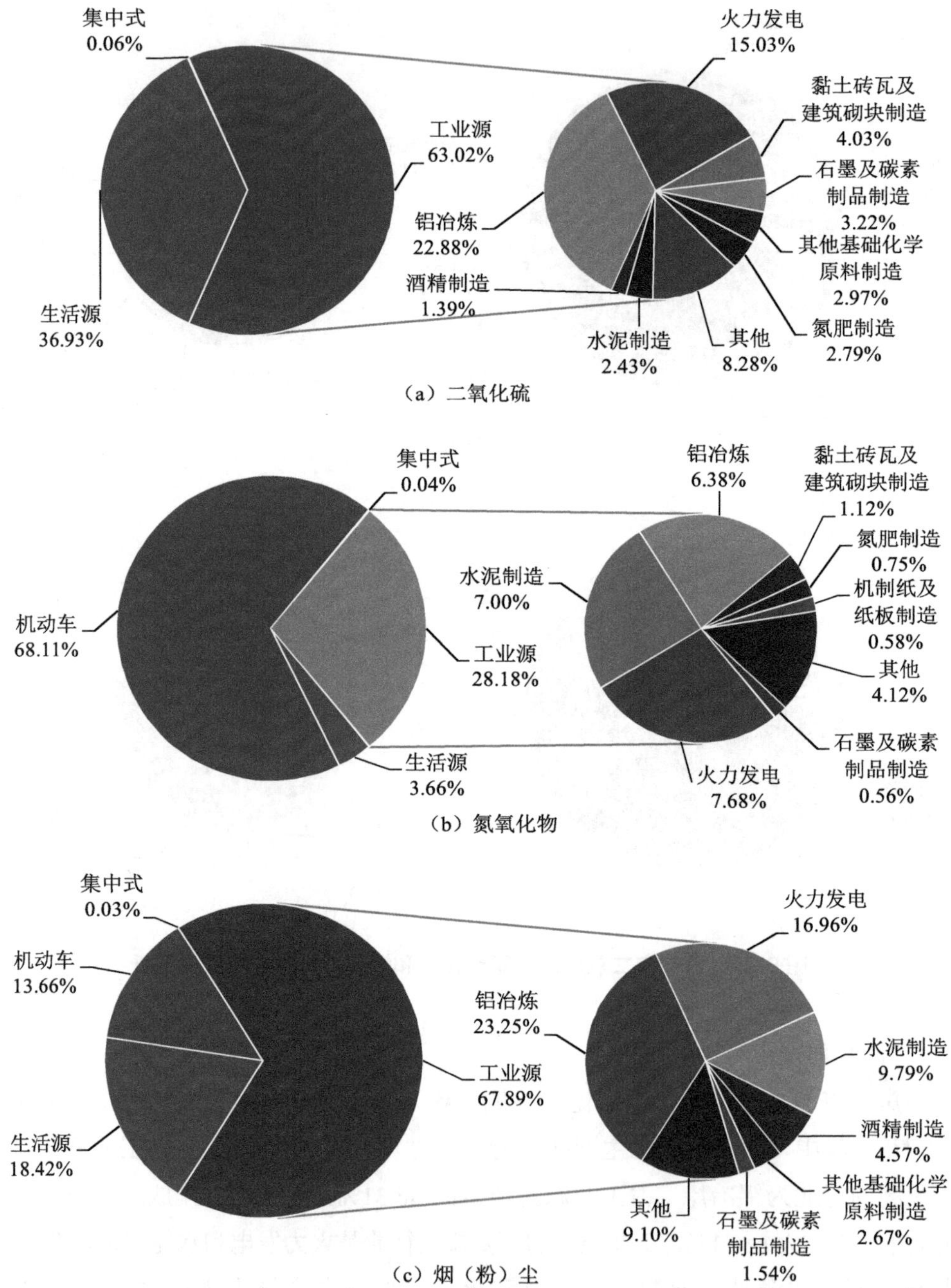

图 6-28 焦作市二氧化硫、氮氧化物和烟（粉）尘的排放源分析

（14）晋城市

晋城市的二氧化硫、氮氧化物、烟（粉）尘排放量分别为 5.1 万 t、5.4 万 t、5.4 万 t。其中，二氧化硫的主要排放源是工业源，占比为 81.53%，其中火力发电是主要排放行业，占工业源排放量的 38.20%。氮氧化物排放的主要来源也是工业源，占比为 65.91%，火力发电作为工业源的主要排放行业，占工业源排放量的 51.20%。烟（粉）尘的主要排放源是工业源，占总排放量的 77.15%，其中，炼钢和火力发电是主要排放行业（图 6-29）。综上，晋城市的主要排放源是火力发电和炼钢。

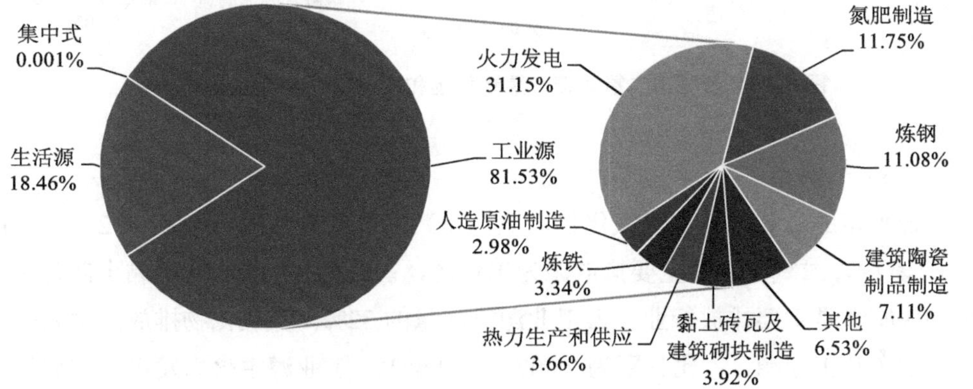

（a）二氧化硫

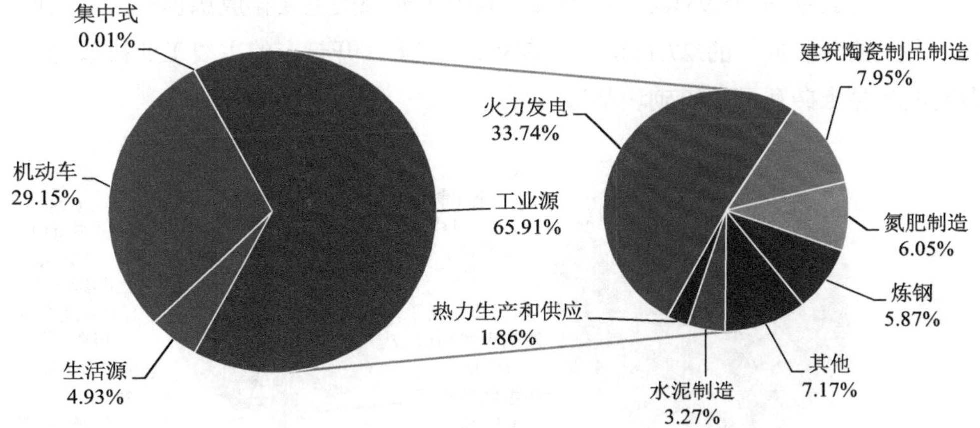

（b）氮氧化物

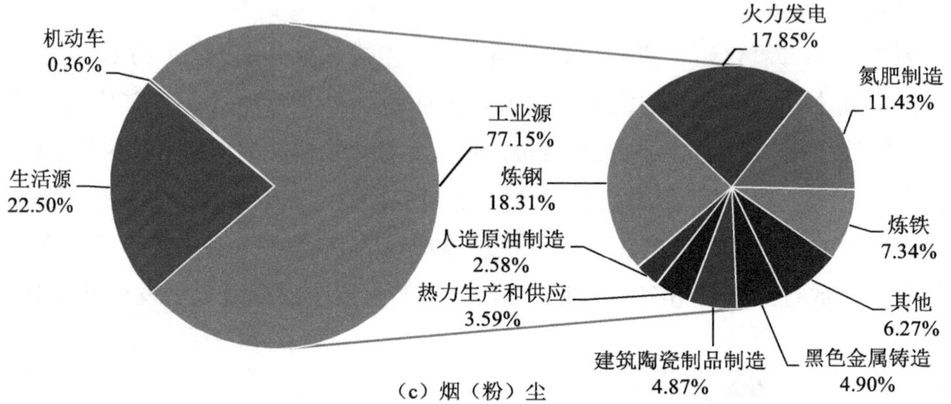

（c）烟（粉）尘

图 6-29 晋城市二氧化硫、氮氧化物和烟（粉）尘的排放源分析

（15）开封市

开封市的二氧化硫、氮氧化物、烟（粉）尘排放量分别为 1 万 t、2 万 t、0.9 万 t。其中，二氧化硫的主要排放源为工业源，占比为 59.4%，其中黏土砖瓦及建筑砌块制造是主要排放行业，占工业源排放量的 32%。氮氧化物排放的主要来源是机动车和工业源，占比分别为 75.07%、22.65%，工业源中火力发电是主要排放行业，占工业源排放量的 18.50%。烟（粉）尘的主要排放源是工业源和生活源，分别占总排放量的 45.93%和 39.21%，其中工业源的主要排放源也是火力发电行业，占工业源排放量的 27.13%（图 6-30）。综上，开封市的主要工业排放源是火力发电和黏土砖瓦及建筑砌块制造。

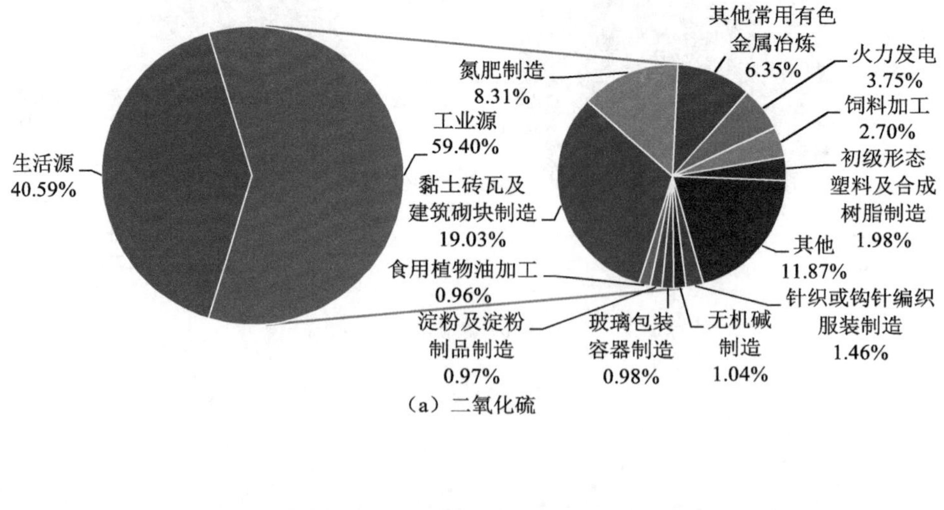

（a）二氧化硫

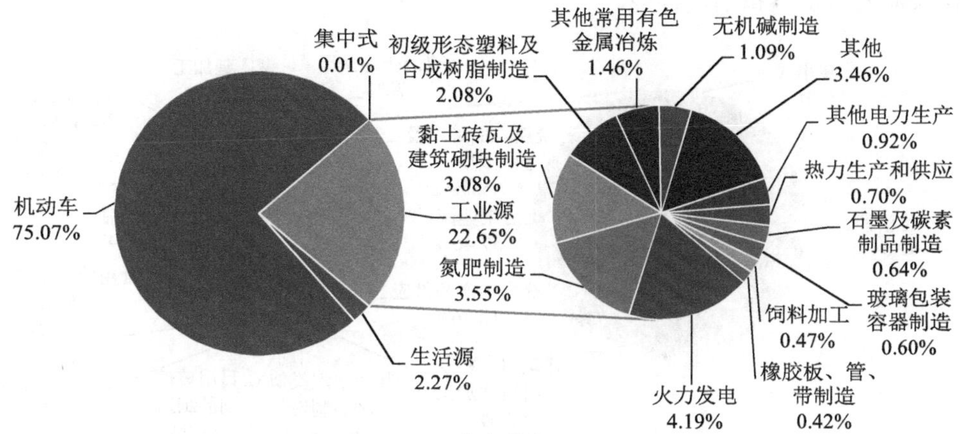

（b）氮氧化物

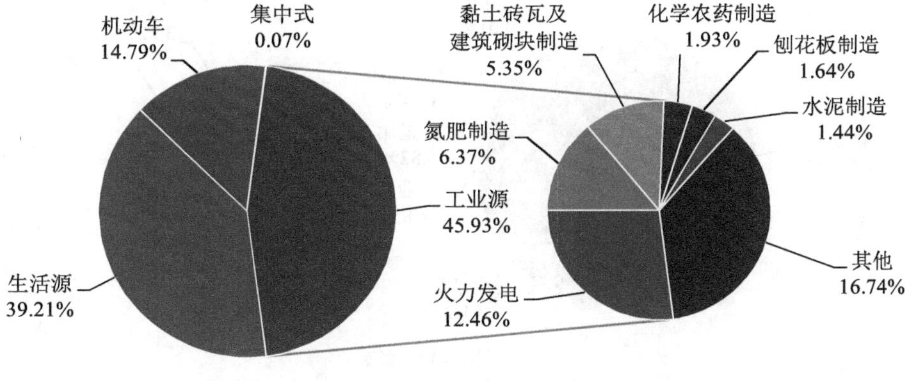

（c）烟（粉）尘

图 6-30　开封市二氧化硫、氮氧化物和烟（粉）尘的排放源分析

（16）廊坊市

廊坊市的二氧化硫、氮氧化物、烟（粉）尘排放量分别为 4.1 万 t、7.5 万 t、4.3 万 t。二氧化硫的主要排放源是工业源，占总排放量的 57.46%，其中热力生产与供应是最大的工业排放源。氮氧化物的主要排放源是机动车和工业源，分别占比为 64.95%和 31.85%，其中工业源的主要排放行业是火力发电和钢压延行业，分别占比为 7.7%、6.8%。烟（粉）尘方面，工业源中的钢压延加工是最主要的排放源，占工业源排放量的 57.68%（图 6-31）。综上，廊坊市的大气污染物主要排放源是火力发电和钢铁行业。

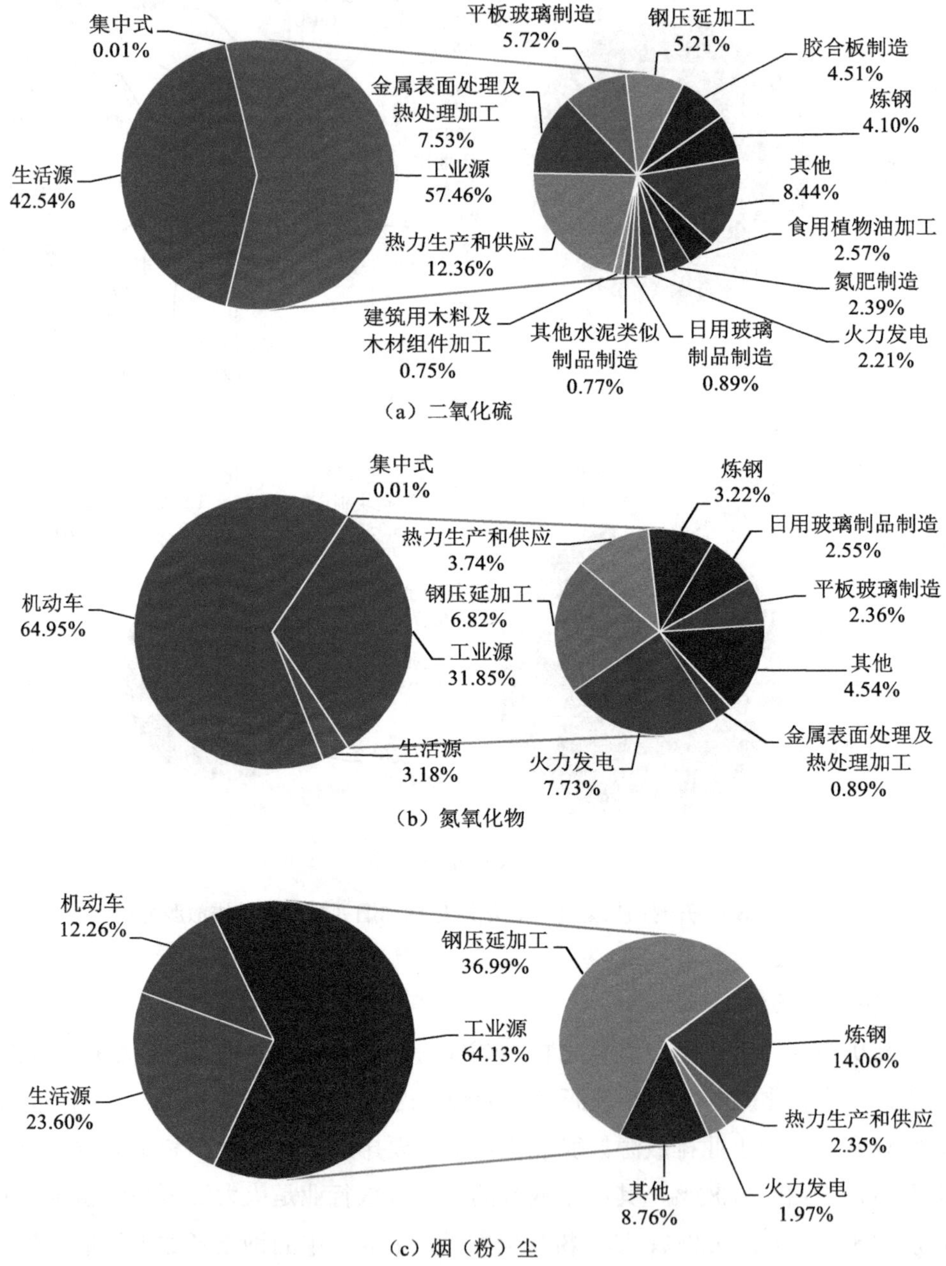

图 6-31 廊坊市二氧化硫、氮氧化物和烟(粉)尘的排放源分析

（17）聊城市

聊城市的二氧化硫、氮氧化物、烟（粉）尘排放量分别为 6.3 万 t、7.4 万 t、1.7 万 t。三项主要污染物的主要排放源均为铝冶炼和火力发电，两个行业合计占比分别为 82.1%、53.8%、52.6%（图 6-32）。

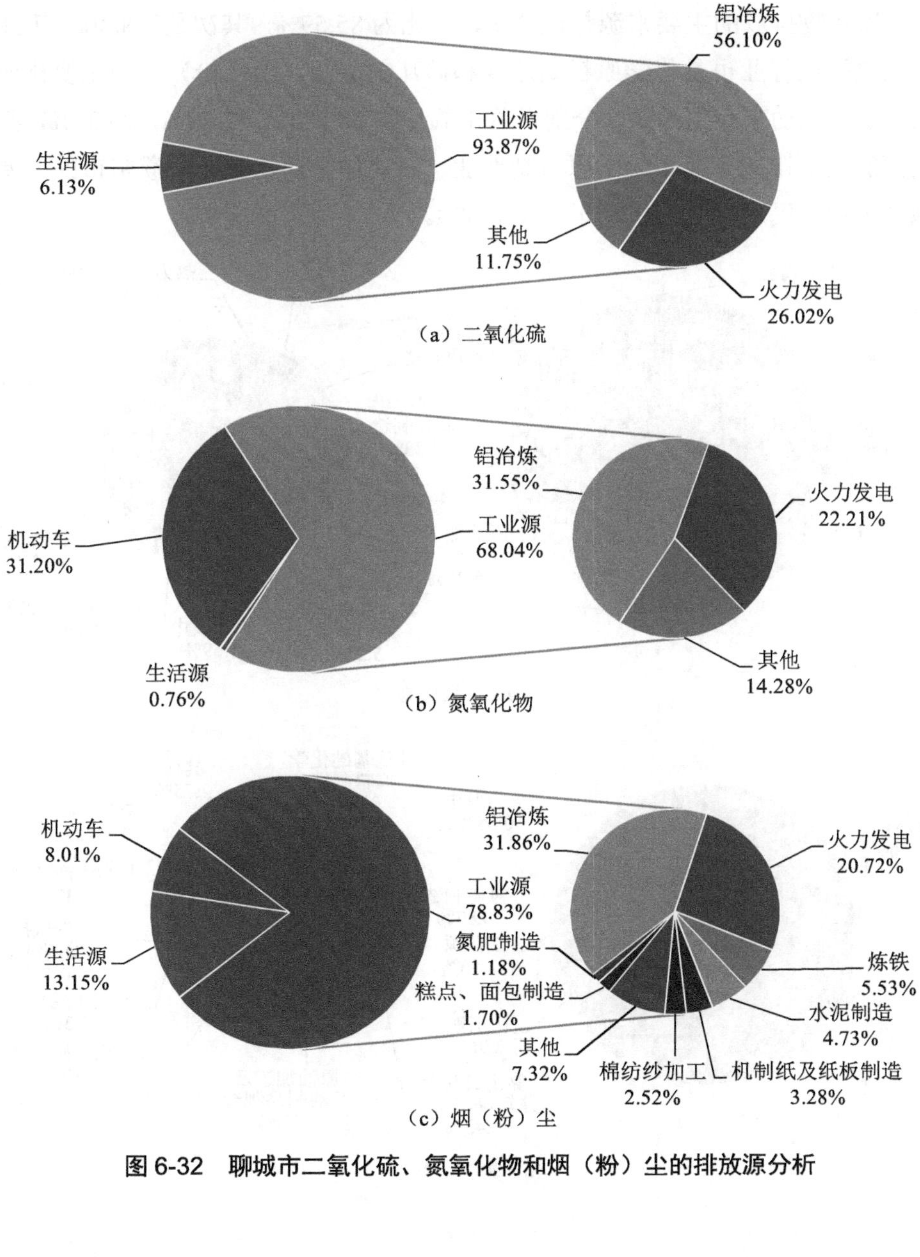

图 6-32　聊城市二氧化硫、氮氧化物和烟（粉）尘的排放源分析

（18）濮阳市

濮阳市的二氧化硫、氮氧化物、烟（粉）尘排放量分别为 0.9 万 t、4.1 万 t、0.7 万 t。其中，二氧化硫的主要排放源为生活源和工业源，占比分别为 53.14%、46.85%，工业源中的主要排放行业是化学原料制造、砖瓦制造、热力生产和供应业。氮氧化物排放的主要来源是机动车，占比为 85.59%，其次是工业源，工业源中的主要排放行业也是化学原料制造业和砖瓦制造业。烟（粉）尘的主要排放源是工业源、机动车和生活源，分别占总排放量的 38.82%、37.79%、23.38%，其中工业源的主要排放行业是化学原料制造业、石油加工业。综上，濮阳市的主要排放源是工业、民用燃烧、机动车（图 6-33）。

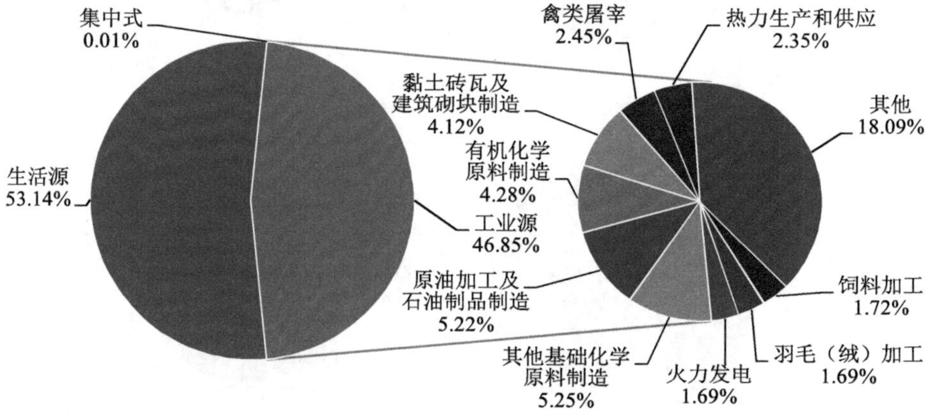

（a）二氧化硫

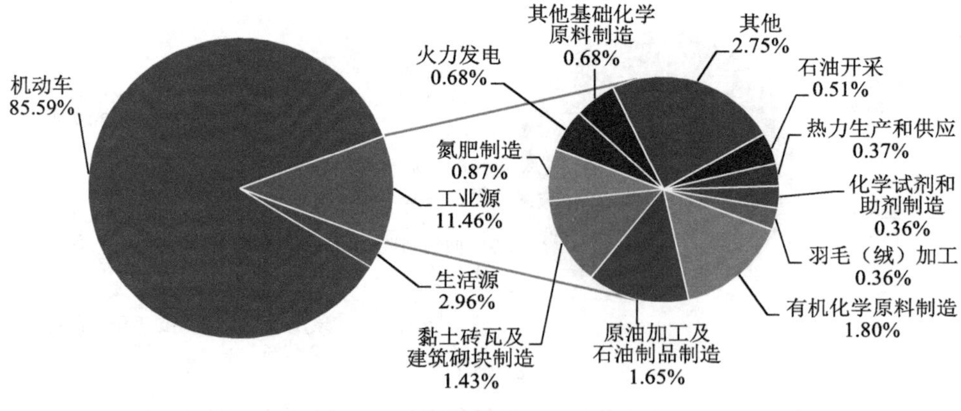

（b）氮氧化物

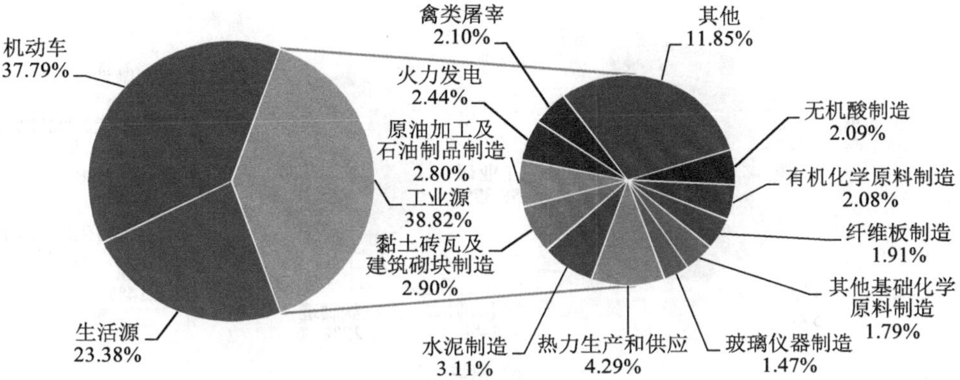

（c）烟（粉）尘

图 6-33　濮阳市二氧化硫、氮氧化物和烟（粉）尘的排放源分析

（19）石家庄市

石家庄市的二氧化硫、氮氧化物、烟（粉）尘排放量分别为 11.7 万 t、18.1 万 t、10 万 t。其中，二氧化硫的主要排放源是工业源，占比为 73.32%，其次是生活源。工业源中主要的排放行业是火力发电和炼铁，合计占工业源排放量的 45.46%。氮氧化物排放的主要来源是工业源和机动车，占比为 58.37%、36.16%，工业源中火力发电是主要排放行业，占工业源排放量的 49.10%。烟（粉）尘的主要排放来源是工业源，占总排放量的 52.38%。其次为生活源（图 6-34）。综上，石家庄市的主要工业排放源是火力发电和钢铁行业。

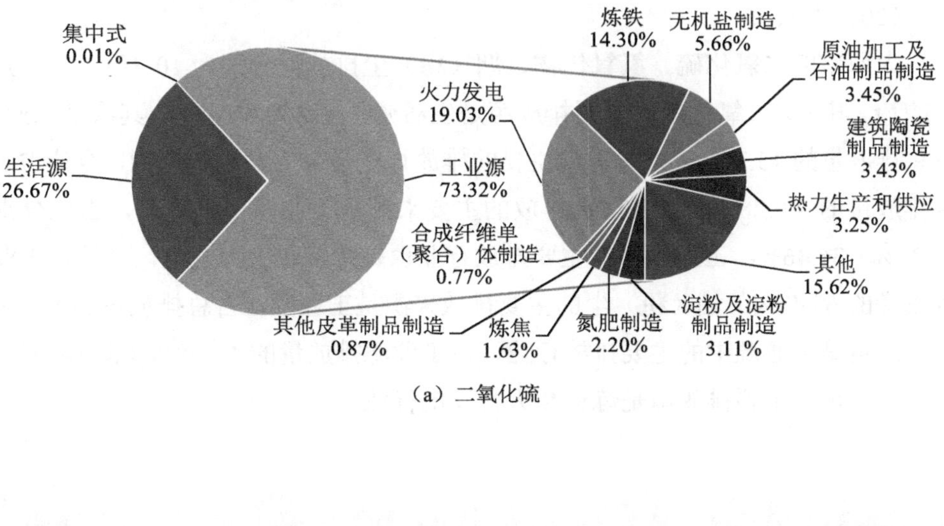

（a）二氧化硫

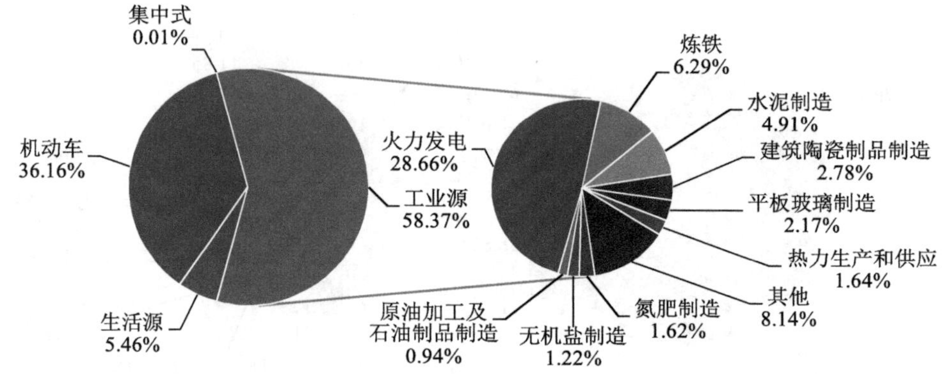

（b）氮氧化物

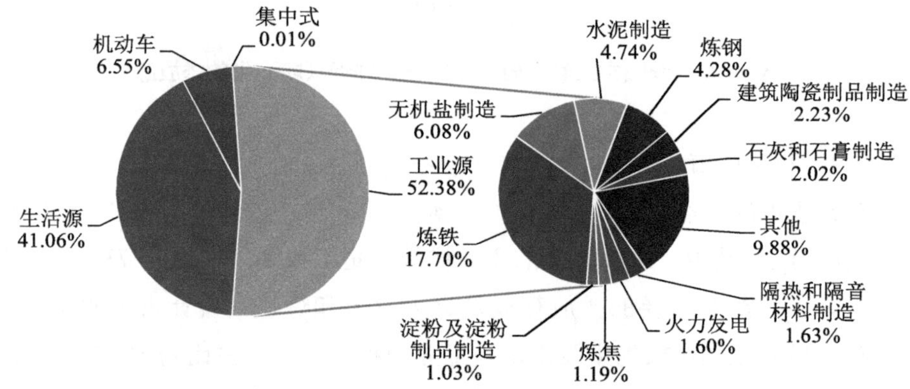

（c）烟（粉）尘

图 6-34 石家庄市二氧化硫、氮氧化物和烟（粉）尘的排放源分析

（20）太原市

太原市的二氧化硫、氮氧化物、烟（粉）尘排放量分别为 10 万 t、7.5 万 t、7.6 万 t。其中，二氧化硫的主要排放源是生活源，占比为 84.65%，其次是工业源，占总排放量的 15.34%。工业源中主要的排放行业是火力发电和炼钢，合计占工业源排放量的 49.28%。氮氧化物排放的主要来源是工业源和机动车，占比分别为 52.30%、36.46%，工业源中的主要排放行业也是炼钢和火力发电，合计占工业源排放量的 65.43%。烟（粉）尘的主要排放来源是工业源，占总排放量的 54.27%，其中炼钢是工业源中的主要排放行业，占工业源排放量的 65.08%（图 6-35）。综上，太原市的主要排放源是炼钢和火力发电行业。

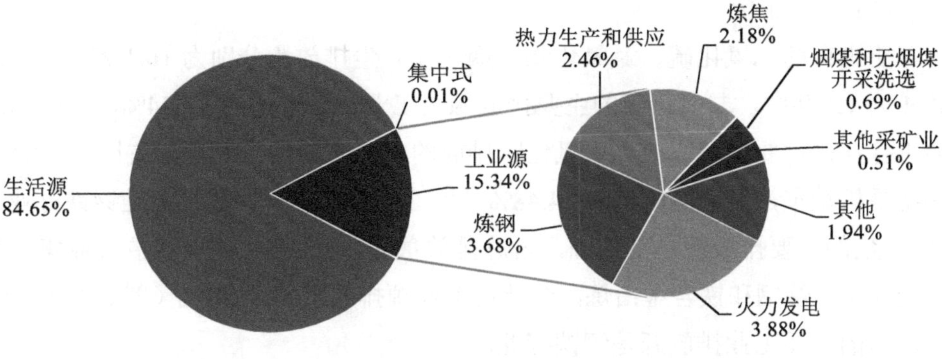

（a）二氧化硫

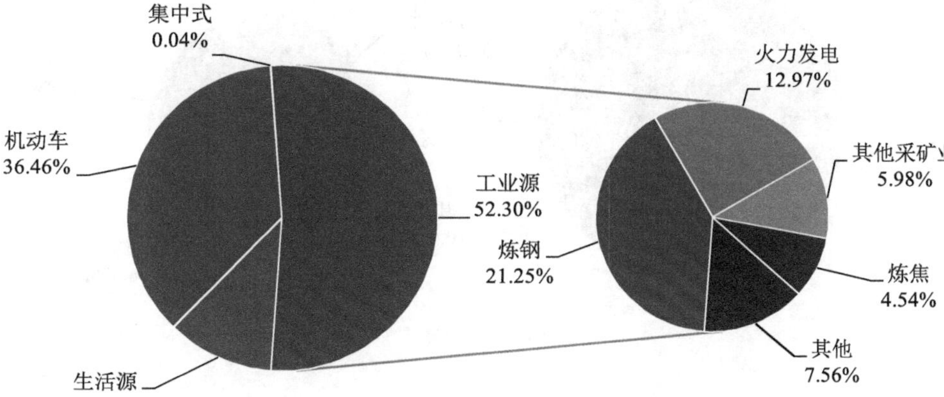

（b）氮氧化物

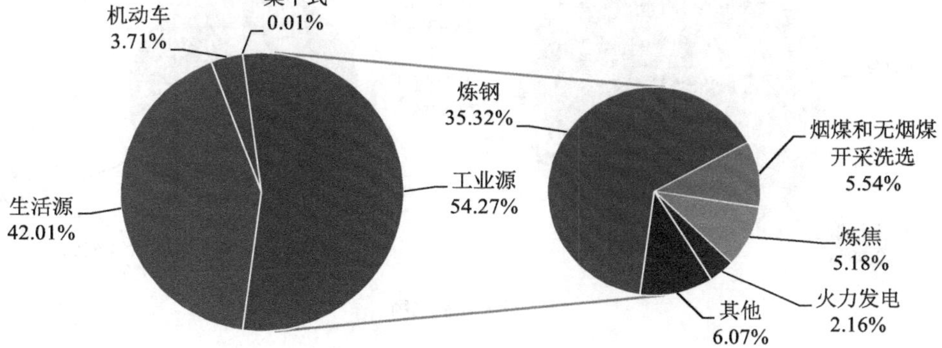

（c）烟（粉）尘

图 6-35　太原市二氧化硫、氮氧化物和烟（粉）尘的排放源分析

（21）唐山市

唐山市的二氧化硫、氮氧化物、烟（粉）尘排放量分别为 16.1 万 t、24 万 t、48.4 万 t。其中，二氧化硫的主要排放源是工业源，占比为 77.54%，其中钢压延加工行业是主要排放行业。氮氧化物排放的主要来源是工业源，占比为 72.25%，其次是机动车，占总排放量的 24.48%，且工业源的主要排放行业是钢铁行业。烟（粉）尘的主要排放源是工业源，占总排放量的 92.57%，主要排放行业集中在钢压延加工、炼钢和铁合金冶炼，合计占工业源排放量的 88.44%（图 6-36）。综上，唐山市的主要工业排放源是钢铁行业。

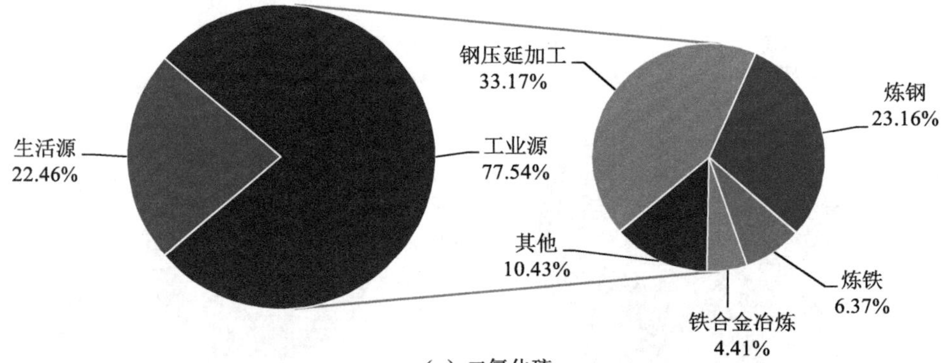

（a）二氧化硫

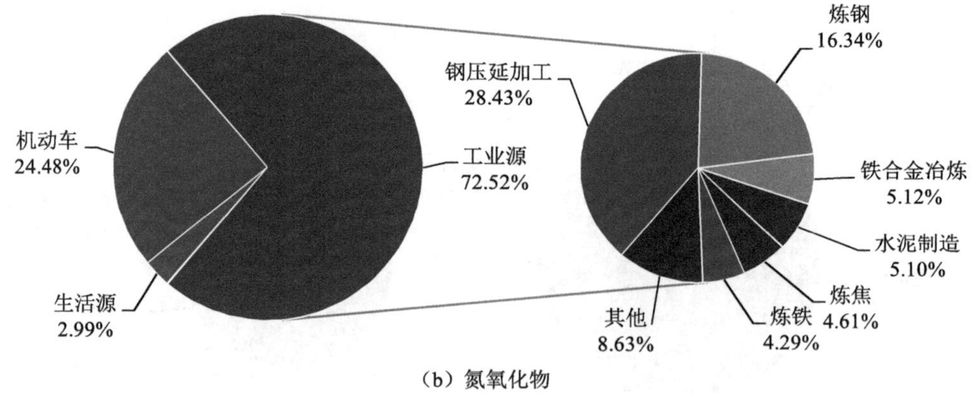

（b）氮氧化物

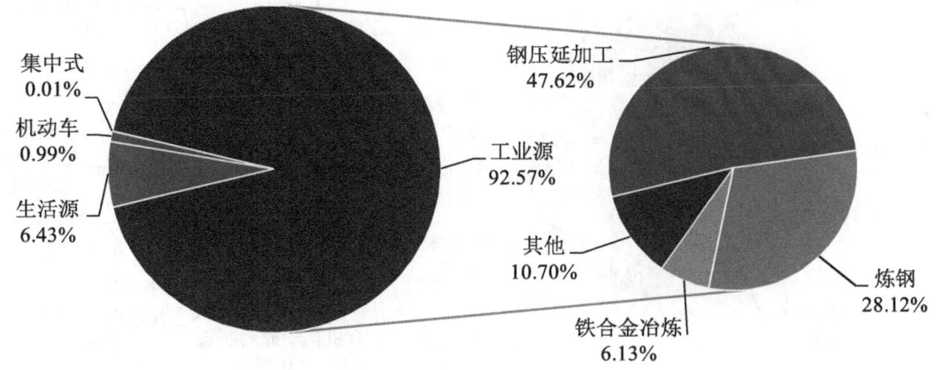

（c）烟（粉）尘

图 6-36　唐山市二氧化硫、氮氧化物和烟（粉）尘的排放源分析

（22）天津市

天津市的二氧化硫、氮氧化物、烟（粉）尘排放量分别为 7 万 t、14.4 万 t、7.8 万 t。其中，二氧化硫的主要排放源是工业源，占比为 80.3%，主要集中在火力发电等行业。氮氧化物排放的主要来源是工业源和机动车，占比分别为 61.03%、33.17%。工业源排放量主要集中在火力发电行业，占比为 34.6%。烟（粉）尘的主要排放源是工业源，占总排放量的 73.34%，其中主要的工业排放源是炼铁、炼钢、钢压延行业（图 6-37）。综上，天津市的主要排放源是火力发电和钢铁行业。

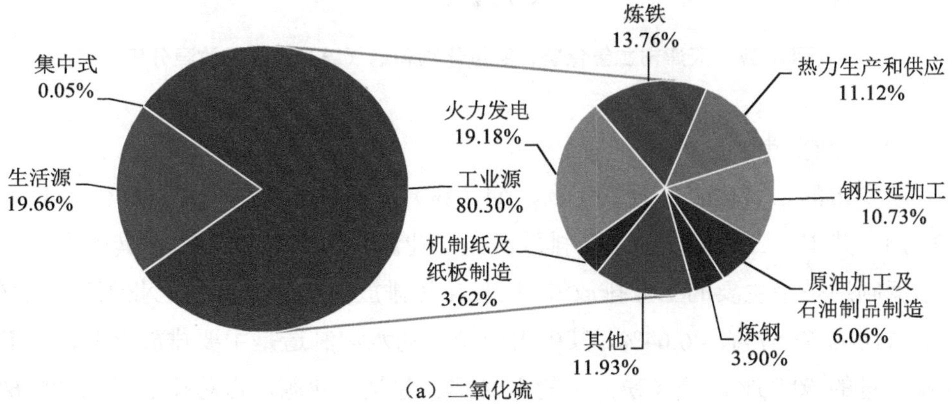

（a）二氧化硫

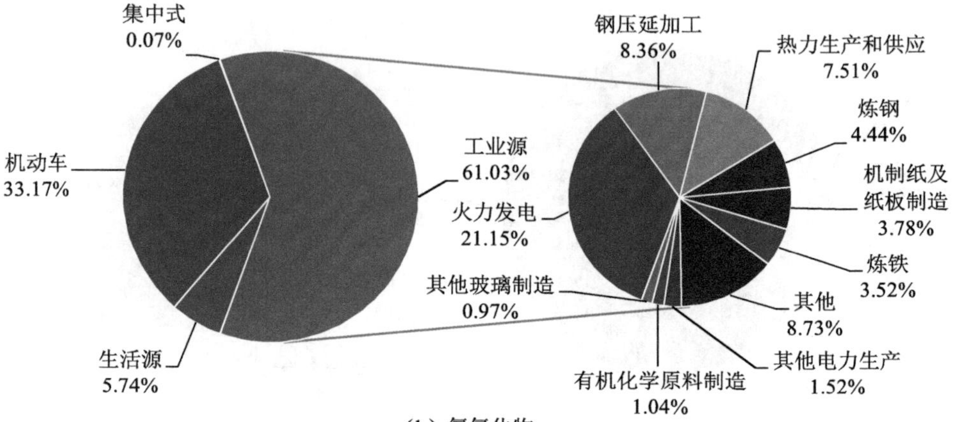

（b）氮氧化物

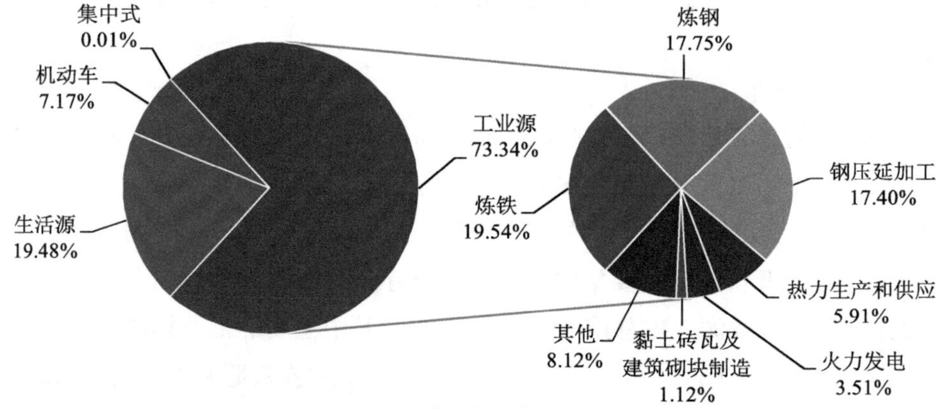

（c）烟（粉）尘

图 6-37 天津市二氧化硫、氮氧化物和烟（粉）尘的排放源分析

（23）新乡市

新乡市的二氧化硫、氮氧化物、烟（粉）尘排放量分别为 1.5 万 t、4.4 万 t、1.9 万 t。其中，二氧化硫的主要排放源是工业源，占比为 84.43%，其中火力发电和水泥制造是最主要的工业排放源。氮氧化物排放的主要来源是工业源和机动车，分别占比为 52.57%、46.64%，其中工业源中的水泥制造是主要排放行业，占工业源排放量的 60.85%。烟（粉）尘的主要排放源是工业源，占总排放量的 78.56%，水泥制造业也是最主要的工业排放行业（图 6-38）。综上，新乡市的主要工业排放源是水泥制造和火力发电行业。

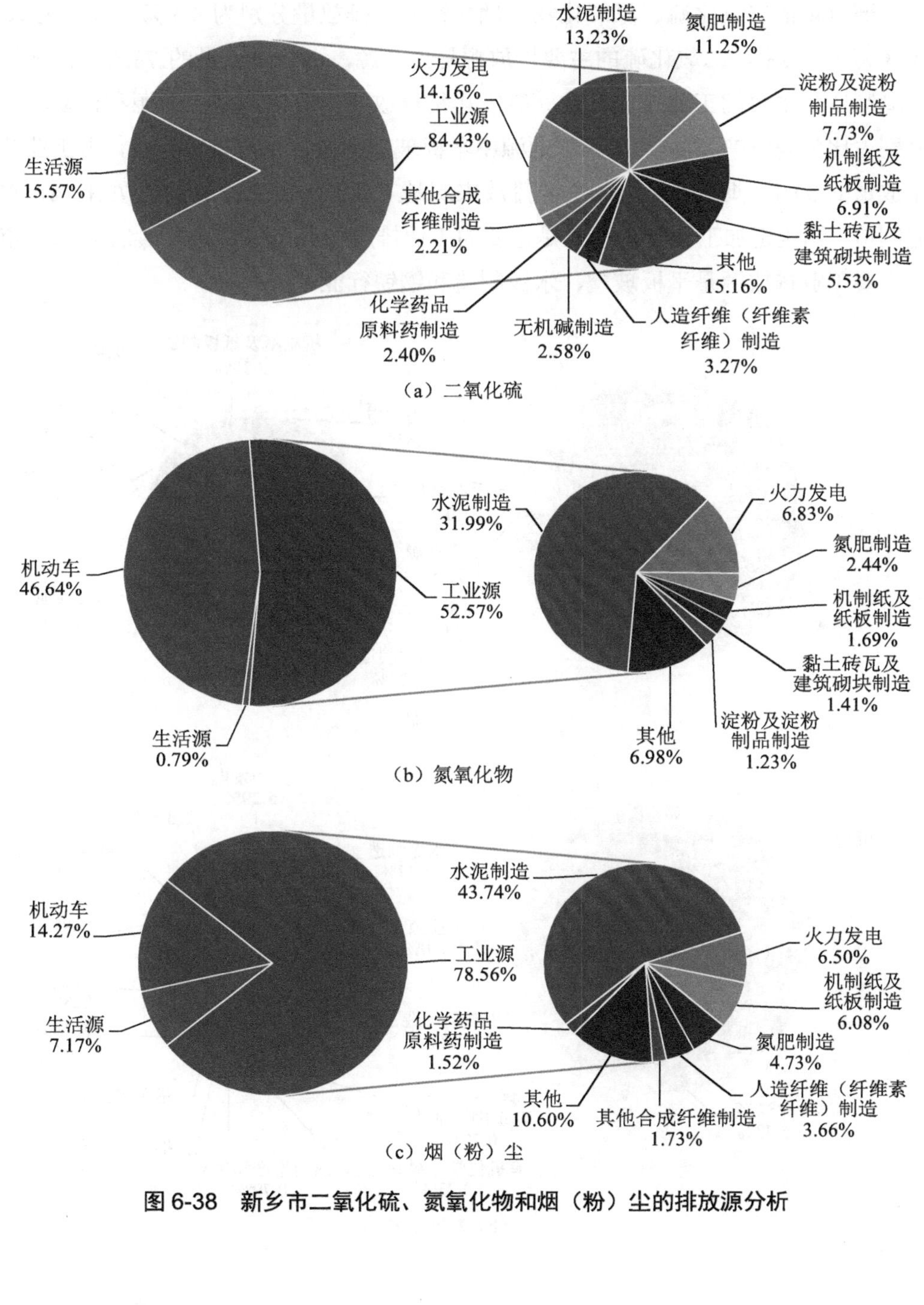

图 6-38　新乡市二氧化硫、氮氧化物和烟（粉）尘的排放源分析

（24）邢台市

邢台市的二氧化硫、氮氧化物、烟（粉）尘排放量分别为 8.3 万 t、8.3 万 t、10.3 万 t。其中，二氧化硫的主要排放源是工业源，占总排放量的 73.85%，平板玻璃制造是主要的工业排放行业。氮氧化物排放的主要来源是工业源和机动车，分别占比为 49.50%、44.76%，工业源中平板玻璃制造是主要排放行业，占工业源排放量的 34%。烟（粉）尘的主要排放来源是工业源，占总排放量的 79.16%，水泥制造、钢压延加工和炼钢行业是主要的工业排放行业（图 6-39）。综上，邢台市的主要工业排放源是平板玻璃、水泥制造和钢铁行业。

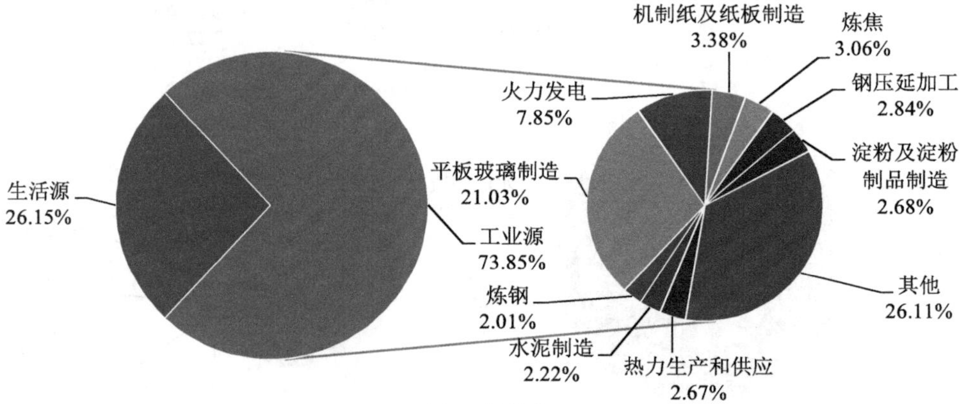

（a）二氧化硫

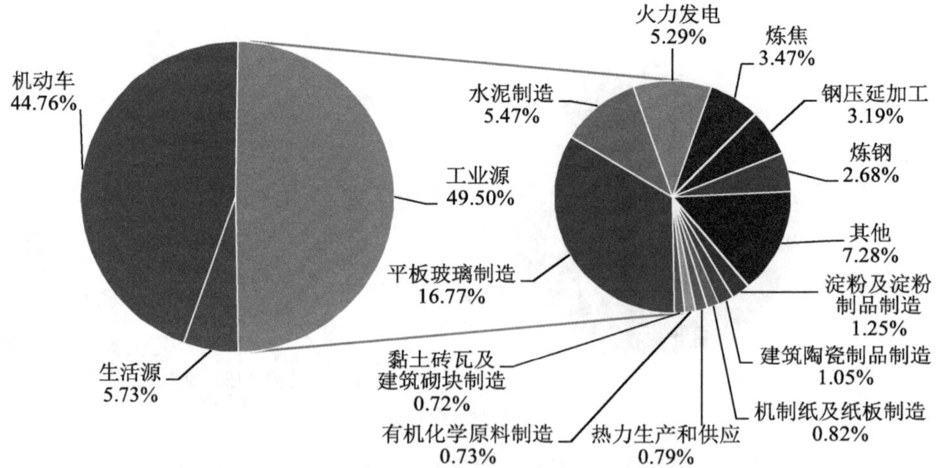

（b）氮氧化物

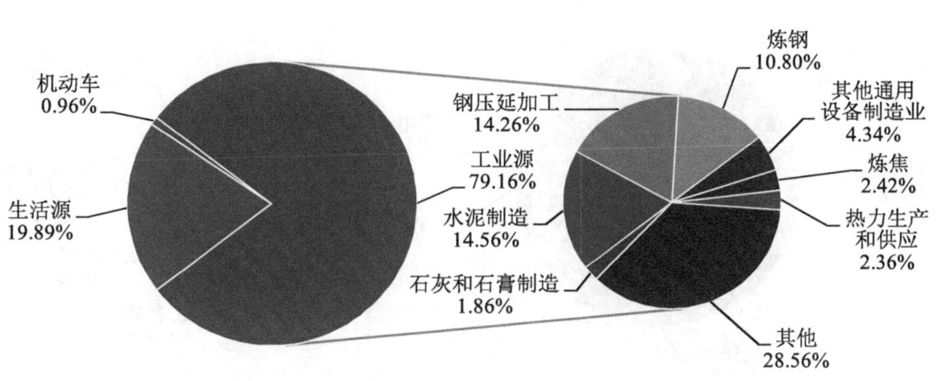

（c）烟（粉）尘

图 6-39　邢台市二氧化硫、氮氧化物和烟（粉）尘的排放源分析

（25）阳泉市

阳泉市的二氧化硫、氮氧化物、烟（粉）尘排放量分别为 3.5 万 t、4.9 万 t、2 万 t。其中，二氧化硫的主要排放源是生活源和工业源，占比分别为 51.17%、48.83%，火力发电是最主要的工业排放源。氮氧化物排放的主要来源是机动车和工业源，分别占总排放量的 49.39%、47.15%。火力发电是工业源排放的主要行业，占工业源排放量的 56%。烟（粉）尘的主要排放源是工业源，占比为 63.15%，火力发电同样是主要排放行业，占工业源排放量的 31%（图 6-40）。综上，阳泉市的主要工业排放源是火力发电。

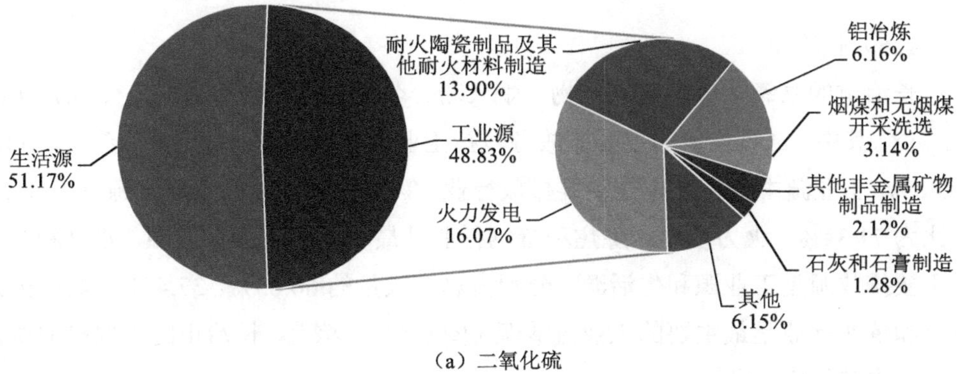

（a）二氧化硫

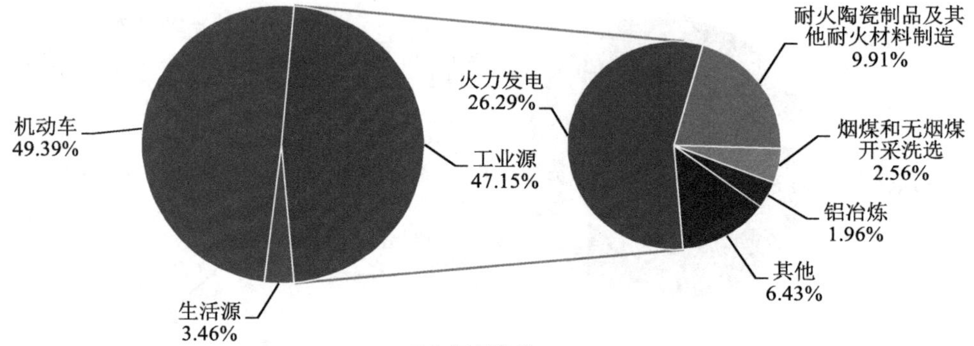

（b）氮氧化物

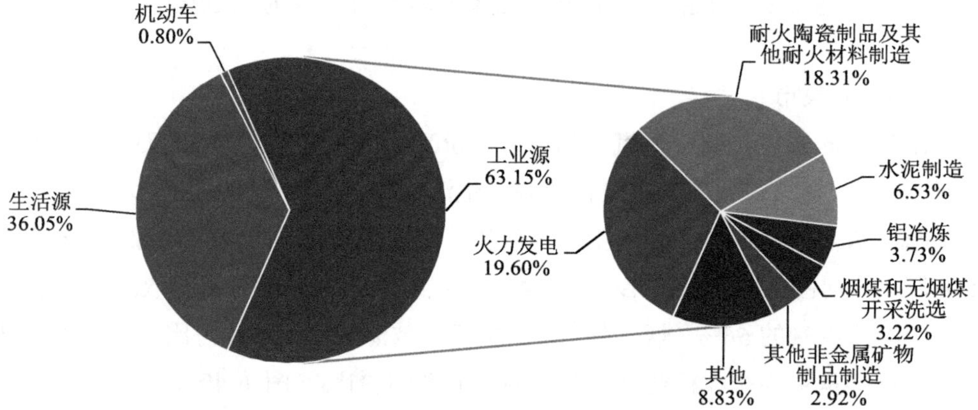

（c）烟（粉）尘

图 6-40　阳泉市二氧化硫、氮氧化物和烟（粉）尘的排放源分析

（26）长治市

长治市的二氧化硫、氮氧化物、烟（粉）尘排放量分别为 6.3 万 t、6.7 万 t、7.1 万 t。其中，二氧化硫的主要排放源包括工业源和生活源，占比分别为 64.51%、35.48%，工业源中火力发电是主要排放行业。氮氧化物排放的主要来源是工业源，占比为 71.34%，火力发电、炼焦和炼钢行业是最主要的工业排放源。烟（粉）尘的主要排放源是工业源和生活源，分别占总排放量的 60.65%、37.47%，其中火力发电和炼焦行业是最主要的工业排放源（图 6-41）。综上，长治市的主要排放源是火力发电和钢铁行业。

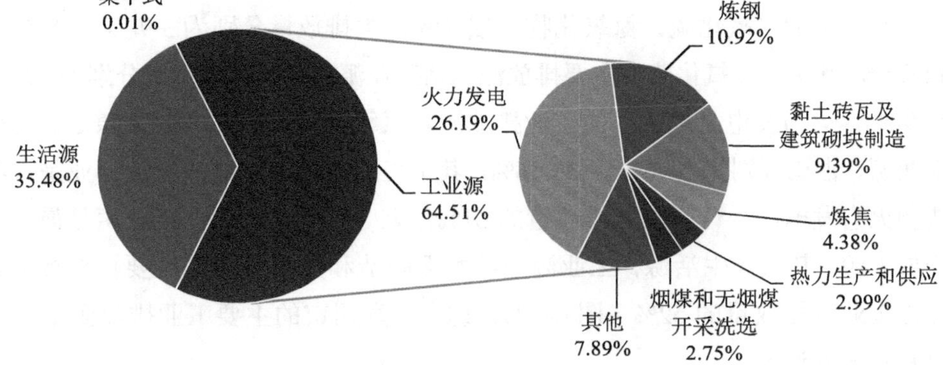

（a）二氧化硫

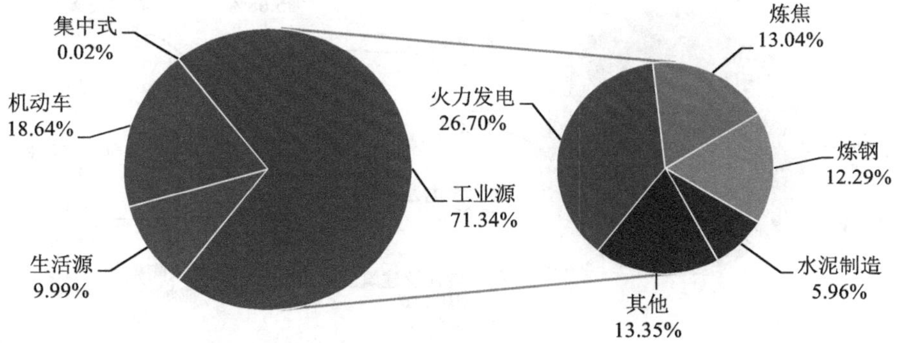

（b）氮氧化物

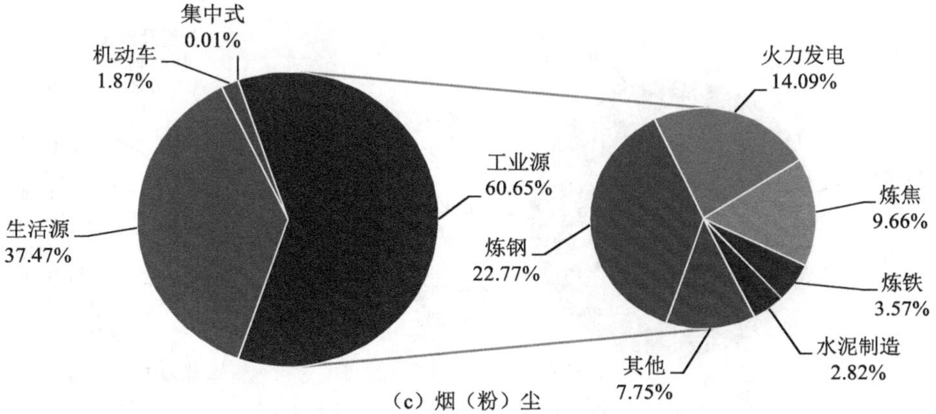

（c）烟（粉）尘

图 6-41　长治市二氧化硫、氮氧化物和烟（粉）尘的排放源分析

（27）郑州市

郑州市的二氧化硫、氮氧化物、烟（粉）尘排放量分别为 3.9 万 t、8.5 万 t、3.5 万 t。其中，二氧化硫的主要排放源包括工业源和生活源，占比分别为 59.08%、41.90%，火力发电是最主要的工业排放源。氮氧化物排放的主要来源是机动车和工业源，占比分别为 54.62%、39.56%，其中工业源中最主要的排放行业是水泥制造和火力发电，合计占工业排放量的 61%。烟（粉）尘方面，工业源是最主要的排放来源，其次是生活源，工业源中的水泥制造和火力发电是主要排放行业，合计占工业源排放量的 52%（图 6-42）。综上，郑州市的主要工业排放源是火力发电和水泥制造业。

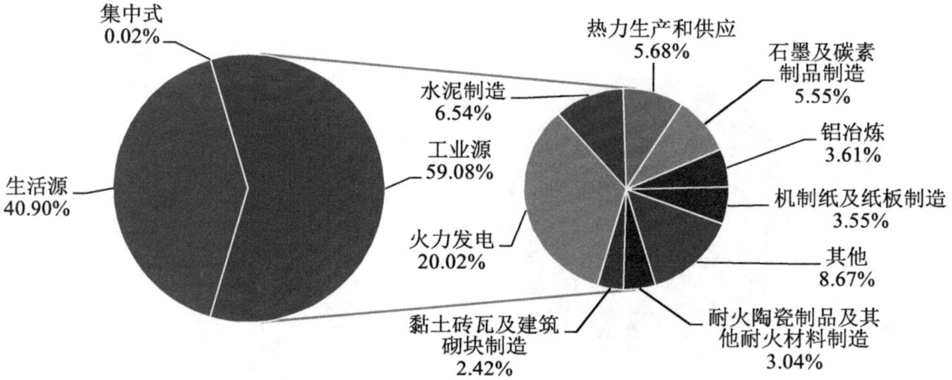

（a）二氧化硫

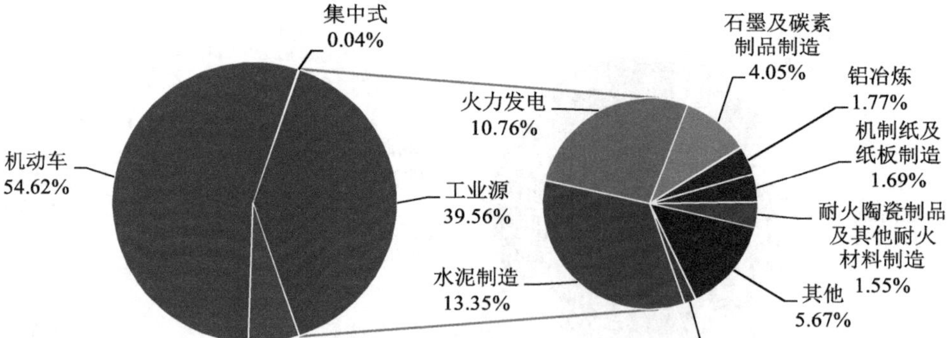

（b）氮氧化物

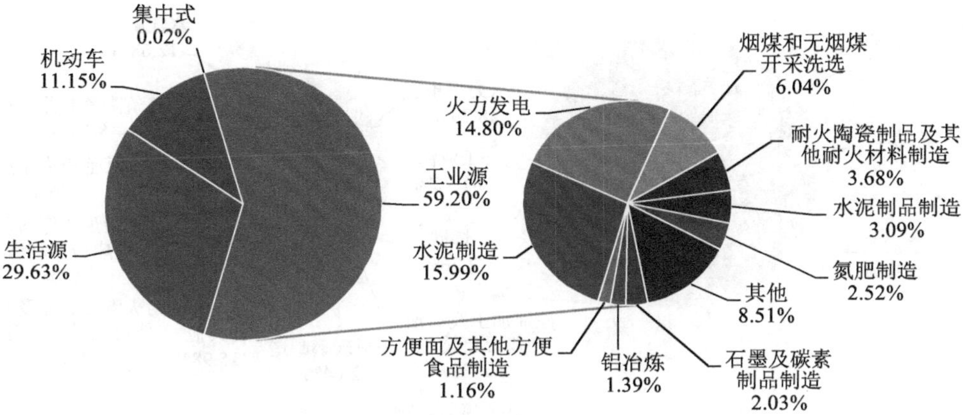

（c）烟（粉）尘

图 6-42　郑州市二氧化硫、氮氧化物和烟（粉）尘的排放源分析

（28）淄博市

淄博市的二氧化硫、氮氧化物、烟（粉）尘排放量分别为 17.1 万 t、12.5 万 t、9 万 t。其中，二氧化硫的主要排放源是工业源，占比为 81.51%。火力发电是工业源中最主要的排放行业，占比为 41.9%。氮氧化物排放的主要来源是工业源，占比为 81.22%，火力发电也是工业源中最主要的排放行业。烟（粉）尘的主要排放来源是工业源，占总排放量的 80.20%，其中炼铁是主要排放行业（图 6-43）。综上，淄博市的主要工业排放源是火力发电和炼铁。

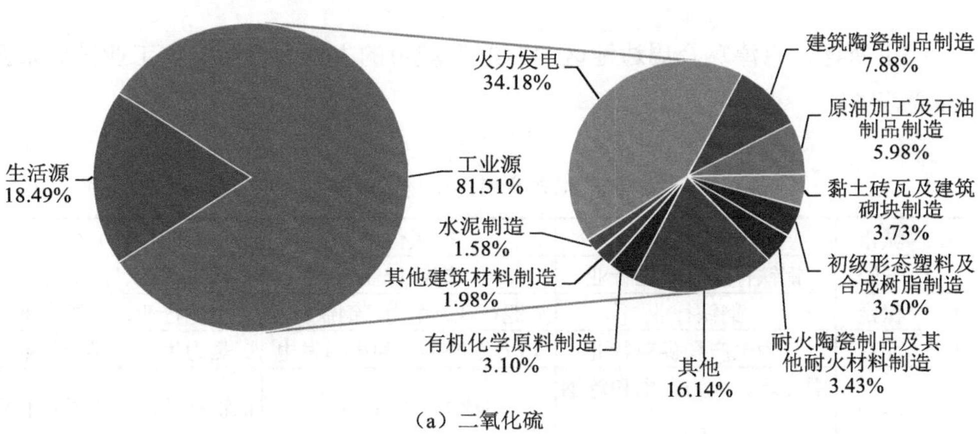

（a）二氧化硫

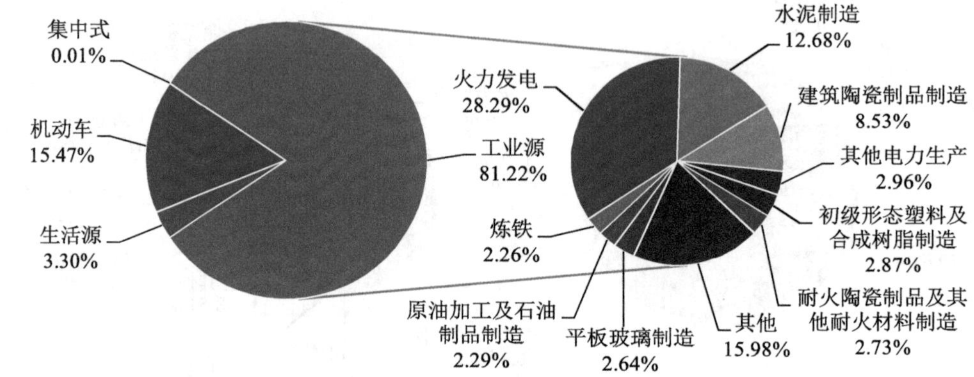

（b）氮氧化物

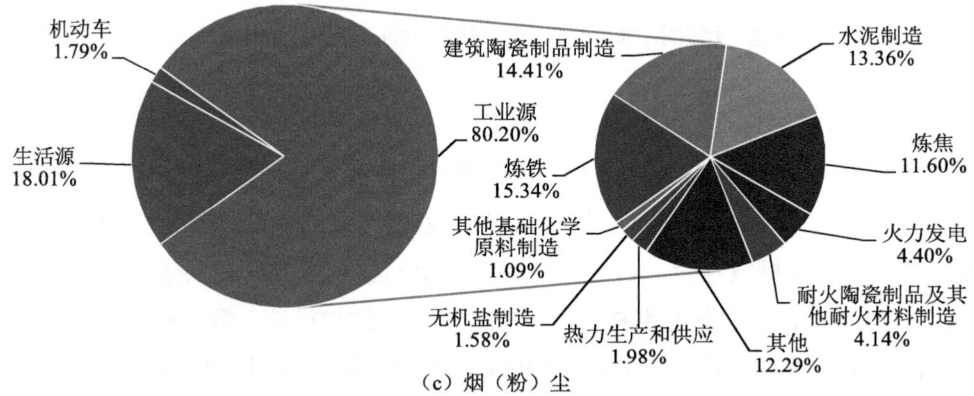

（c）烟（粉）尘

图 6-43　淄博市二氧化硫、氮氧化物和烟（粉）尘的排放源分析

综上所述，京津冀及周边地区“2+26”城市的主要大气污染物工业排放来源分布见表 6-1。

表 6-1　“2+26”城市大气污染物排放重点行业分布

序号	城市	二氧化硫	氮氧化物	烟（粉）尘
1	安阳	钢铁行业、焦化行业	钢铁行业	钢铁行业、水泥行业
2	保定	钢铁行业	水泥行业、电力、钢铁行业	水泥行业、钢铁行业
3	北京	热力生产和供应行业	热力生产供应和火力发电	热力生产和供应行业
4	滨州	铝冶炼、火力发电和炼钢行业	火力发电行业	钢铁行业、火力发电行业

序号	城市	二氧化硫	氮氧化物	烟（粉）尘
5	沧州	工业锅炉	火力发电、钢铁行业	火力发电、钢铁行业
6	德州	火力发电	火力发电、钢铁行业	火力发电、钢铁行业
7	邯郸	钢铁行业	钢铁行业	钢铁行业
8	菏泽	火力发电	火力发电、平板玻璃	火力发电
9	鹤壁	火力发电	火力发电	火力发电
10	衡水	金属制造、火力发电	火力发电	金属制造、火力发电
11	济南	钢铁行业	钢铁行业	钢铁行业、水泥制造
12	济宁	火力发电	火力发电	火力发电
13	焦作	铝冶炼	火力发电、水泥制造	铝冶炼、火力发电
14	晋城	火力电力	火力电力	火力电力、钢铁行业
15	开封	工业锅炉	火力电力	火力电力
16	廊坊	热力生产与供应	火力发电、钢铁行业	钢铁行业
17	聊城	铝冶炼、火力发电	铝冶炼、火力发电	铝冶炼、火力发电
18	濮阳	工业锅炉、热力生产和供应业	工业锅炉	工业锅炉
19	石家庄	火力发电、钢铁行业	火力发电	钢铁行业
20	太原	火力发电、钢铁行业	火力发电、钢铁行业	钢铁行业
21	唐山	钢铁行业	钢铁行业	钢铁行业
22	天津	火力发电	火力发电	钢铁行业
23	新乡	火力发电、水泥制造	水泥制造	水泥制造
24	邢台	平板玻璃	平板玻璃	水泥制造、钢铁行业
25	阳泉	火力发电	火力发电	火力发电
26	长治	火力发电	火力发电、炼焦行业、钢铁行业	火力发电、炼焦行业
27	郑州	火力发电	水泥制造、火力发电	水泥制造、火力发电
28	淄博	火力发电	火力发电	钢铁行业

6.3　许可排放量核定方法与技术路线

本章将京津冀及周边地区“2+26”城市作为一个区域单元，以改善区域大气环境质量为出发点，以重点行业大气污染物排放控制标准为底线，综合考虑技术可达性，核定固定污染源许可排放量。该方法根据京津冀及周边地区 28 个城市火电、钢铁、水泥、平板玻璃、工业锅炉等重点行业对区域环境质量的影响程度及敏感度，结合不同控制级别的污染物排放浓度限值，制定重点行业分级管控绩效标准，最终核定许可排放量。

核算程序包括基于污染源空气质量影响系数进行城市分级、制定重点行业分级管控排放绩效标准、选取绩效值并核定许可排放量。

6.3.1 确定污染源环境贡献浓度

采用 $PM_{2.5}$ 环境浓度源贡献及环境影响分析方法，确定区域内各重点行业对区域 $PM_{2.5}$ 浓度的贡献值。

首先，以“2+26”城市高时空分辨率排放清单为基础研究区域主要大气污染物排放特征。涉及的排放源包括化石燃料燃烧源、工艺过程源、其他工业源、居民源、移动源、溶剂使用与油气储存运输源、扬尘源和农业源。其中化石燃料燃烧源又进一步细分为电站锅炉和工业锅炉排放源；工艺过程源包含冶金、建材和化工排放源；其他工业源包括工艺过程中的其他工业源以及废弃物处理。其次，分析排放源清单，识别目标区域内的主要固定污染源，包括电站锅炉、工业锅炉、冶金、建材等行业。

采用中尺度气象模式WRF进行模拟；基于WRF输出的气象数据，利用CAMx进行空气质量模拟，并结合颗粒物来源识别技术（PSAT）识别不同区域的不同污染源对目标区域 $PM_{2.5}$ 浓度的贡献，最终确定区域内各重点行业的污染物贡献浓度。结果见表 6-2。

表 6-2 “2+26”城市不同行业污染物排放对区域 $PM_{2.5}$ 浓度贡献占比

行业	贡献浓度占比/%	行业	贡献浓度占比/%
安阳市电力	0.10	开封市电力	0.06
安阳市钢铁	1.35	开封市钢铁	0.04
安阳市工业锅炉	0.01	开封市工业锅炉	0.09
安阳市平板玻璃	—	开封市平板玻璃	0.00
安阳市水泥	0.07	开封市水泥	0.00
保定市电力	0.04	廊坊市电力	0.08
保定市钢铁	0.11	廊坊市钢铁	0.49
保定市工业锅炉	0.10	廊坊市工业锅炉	0.25

行业	贡献浓度占比/%	行业	贡献浓度占比/%
保定市平板玻璃	—	廊坊市平板玻璃	0.04
保定市水泥	0.10	廊坊市水泥	0.00
北京市电力	0.05	聊城市电力	0.63
北京市钢铁	—	聊城市钢铁	0.38
北京市工业锅炉	0.10	聊城市工业锅炉	0.03
北京市平板玻璃	—	聊城市平板玻璃	—
北京市水泥	0.02	聊城市水泥	0.02
滨州市电力	0.52	濮阳市电力	0.04
滨州市钢铁	0.71	濮阳市钢铁	0.01
滨州市工业锅炉	0.21	濮阳市工业锅炉	0.20
滨州市平板玻璃	—	濮阳市平板玻璃	—
滨州市水泥	0.11	濮阳市水泥	0.00
沧州市电力	0.06	石家庄市电力	0.87
沧州市钢铁	0.30	石家庄市钢铁	0.26
沧州市工业锅炉	0.26	石家庄市工业锅炉	0.25
沧州市平板玻璃	0.00	石家庄市平板玻璃	0.04
沧州市水泥	0.15	石家庄市水泥	0.10
德州市电力	0.20	太原市电力	0.10
德州市钢铁	0.08	太原市钢铁	0.37
德州市工业锅炉	0.28	太原市工业锅炉	0.02
德州市平板玻璃	—	太原市平板玻璃	—
德州市水泥	0.03	太原市水泥	0.03
邯郸市电力	0.11	唐山市电力	0.15
邯郸市钢铁	0.78	唐山市钢铁	3.03
邯郸市工业锅炉	0.16	唐山市工业锅炉	0.22
邯郸市平板玻璃	0.02	唐山市平板玻璃	0.04
邯郸市水泥	0.10	唐山市水泥	0.30
菏泽市电力	0.16	天津市电力	0.93
菏泽市钢铁	—	天津市钢铁	0.90
菏泽市工业锅炉	0.10	天津市工业锅炉	1.06
菏泽市平板玻璃	0.10	天津市平板玻璃	0.02
菏泽市水泥	0.00	天津市水泥	0.11

行业	贡献浓度占比/%	行业	贡献浓度占比/%
鹤壁市电力	0.19	新乡市电力	0.14
鹤壁市钢铁	—	新乡市钢铁	0.13
鹤壁市工业锅炉	0.06	新乡市工业锅炉	0.25
鹤壁市平板玻璃	—	新乡市平板玻璃	—
鹤壁市水泥	0.05	新乡市水泥	0.21
衡水市电力	0.02	邢台市电力	0.14
衡水市钢铁	—	邢台市钢铁	0.83
衡水市工业锅炉	0.19	邢台市工业锅炉	0.17
衡水市平板玻璃	0.00	邢台市平板玻璃	1.08
衡水市水泥	0.02	邢台市水泥	0.14
济南市电力	0.12	阳泉市电力	0.06
济南市钢铁	0.29	阳泉市钢铁	—
济南市工业锅炉	0.04	阳泉市工业锅炉	0.04
济南市平板玻璃	—	阳泉市平板玻璃	—
济南市水泥	0.16	阳泉市水泥	0.01
济宁市电力	0.48	长治市电力	0.22
济宁市钢铁	0.01	长治市钢铁	0.09
济宁市工业锅炉	0.20	长治市工业锅炉	0.19
济宁市平板玻璃	—	长治市平板玻璃	0.01
济宁市水泥	0.02	长治市水泥	0.03
焦作市电力	0.07	郑州市电力	0.43
焦作市钢铁	0.09	郑州市钢铁	—
焦作市工业锅炉	0.05	郑州市工业锅炉	0.17
焦作市平板玻璃	0.01	郑州市平板玻璃	—
焦作市水泥	0.06	郑州市水泥	0.33
晋城市电力	0.12	淄博市电力	0.45
晋城市钢铁	0.15	淄博市钢铁	0.61
晋城市工业锅炉	0.15	淄博市工业锅炉	0.50
晋城市平板玻璃	—	淄博市平板玻璃	0.16
晋城市水泥	0.02	淄博市水泥	0.38

6.3.2　确定城市控制级别

综合考虑区域空气质量影响、污染物排放负荷等因素，对"2+26"城市进行区域重点行业污染源分级。

6.3.2.1　确定空气质量影响敏感系数

根据 6.3.1 节的结果，将各城市排放源对所有受体点的平均年贡献浓度除以相应城市排放源的污染物年排放量，得到不同城市不同行业排放的某一污染物对区域空气质量影响的敏感系数 SF，即排放区域污染源排放单位质量（1 t）的某种污染物对目标区域均匀受体点的平均浓度贡献。

$$\mathrm{SF}_{i,j,k}=\frac{C_{i,j,k}}{E_{i,j,k}}$$

式中：i——排放区域，包括"2+26"城市群中的所有城市；

j——典型行业排放源，包括电力、钢铁、工业锅炉、平板玻璃和水泥行业；

k——污染物，包括 SO_2、NO_x 和 $PM_{2.5}$；

$\mathrm{SF}_{i,j,k}$——排放区域 i 的行业 j 排放的污染物 k 对目标区域 $PM_{2.5}$ 的敏感系数，（μg/m^3）/（t/a）；

$C_{i,j,k}$——CAMx-PSAT 数值模拟得到的排放区域 i 的行业 j 排放的污染物 k 对应的 $PM_{2.5}$ 组分（SO_2 对硫酸盐、NO_x 对硝酸盐、$PM_{2.5}$ 对一次 $PM_{2.5}$）的年均贡献浓度，μg/m^3；其中，目标区域组分浓度为所有受体点均值；

$E_{i,j,k}$——区域 i 行业 j 污染物 k 的年排放量，t/a。

6.3.2.2　确定行业空气质量影响敏感系数

基于单位质量（1 t）的某种污染物对目标区域均匀受体点的平均浓度贡献（SF），将同一城市同一行业的不同污染物对空气质量影响的敏感系数加和，得到该城市该行业排放的污染物对区域空气质量影响的敏感系数 CSF。

$$\mathrm{CSF}_{i,j,k}=\sum_{1}^{k}\mathrm{SF}_{i,j,k}$$

式中：i——排放区域，包括“2+26”城市群中的所有城市；

j——典型行业排放源，包括电力、钢铁、工业锅炉、平板玻璃和水泥行业；

k——污染物，包括 SO_2、NO_x 和 $PM_{2.5}$；

$SF_{i,j,k}$——排放区域 i 行业 j 排放的污染物 k 对目标区域 $PM_{2.5}$ 的敏感系数，（$\mu g/m^3$）/（t/a）；

$CSF_{i,j,k}$——排放区域 i 行业 j 排放的 SO_2、NO_x 和 $PM_{2.5}$ 对目标区域 $PM_{2.5}$ 的敏感系数，（$\mu g/m^3$）/（t/a）。

采用极差法对各行业空气质量影响敏感系数 CSF 进行归一化处理。

$$归一化指数=\frac{待处理值-最小值}{最大值-最小值}$$

根据行业空气质量影响敏感系数进行城市分级，结果见表 6-3。

表 6-3 “2+26”城市重点行业敏感系数及分级情况

污染源	单位 SO_2 排放对 $PM_{2.5}$ 浓度贡献	单位 NO_2 排放对 $PM_{2.5}$ 浓度贡献	单位颗粒物排放对 $PM_{2.5}$ 浓度贡献	行业敏感系数	归一化行业敏感系数	分级
太原市钢铁	0.000 005 20	0.000 003 10	0.000 052 71	0.000 061 01	1	Ⅰ级
衡水市水泥	0.000 009 12	0.000 008 46	0.000 041 23	0.000 058 81	0.958 7	Ⅰ级
淄博市钢铁	0.000 005 20	0.000 003 10	0.000 048 28	0.000 056 58	0.917 0	Ⅰ级
衡水市工业锅炉	0.000 004 72	0.000 008 07	0.000 035 40	0.000 048 20	0.759 9	Ⅰ级
鹤壁市工业锅炉	0.000 002 43	0.000 004 94	0.000 033 56	0.000 040 93	0.623 7	Ⅰ级
邯郸市平板玻璃	0.000 006 64	0.000 005 41	0.000 026 13	0.000 038 18	0.572 3	Ⅰ级
邢台市平板玻璃	0.000 006 06	0.000 005 13	0.000 025 57	0.000 036 76	0.545 7	Ⅰ级
滨州市工业锅炉	0.000 008 58	0.000 003 20	0.000 024 19	0.000 035 96	0.530 8	Ⅰ级
新乡市钢铁	0.000 005 20	0.000 003 10	0.000 027 19	0.000 035 49	0.521 8	Ⅰ级
菏泽市平板玻璃	0.000 005 27	0.000 002 75	0.000 026 98	0.000 035 00	0.512 8	Ⅰ级
淄博市水泥	0.000 008 42	0.000 002 97	0.000 022 89	0.000 034 27	0.499 0	Ⅰ级
阳泉市工业锅炉	0.000 002 50	0.000 002 78	0.000 027 19	0.000 032 47	0.465 3	Ⅰ级
开封市电力	0.000 003 10	0.000 005 23	0.000 023 40	0.000 031 73	0.451 4	Ⅰ级
濮阳市工业锅炉	0.000 002 18	0.000 004 74	0.000 023 96	0.000 030 87	0.435 4	Ⅰ级
淄博市工业锅炉	0.000 003 84	0.000 002 51	0.000 023 64	0.000 030 00	0.419 0	Ⅰ级
新乡市工业锅炉	0.000 002 71	0.000 005 40	0.000 021 23	0.000 029 34	0.406 6	Ⅰ级
郑州市水泥	0.000 019 63	0.000 002 14	0.000 007 29	0.000 029 06	0.401 4	Ⅰ级

污染源	单位 SO_2 排放对 $PM_{2.5}$ 浓度贡献	单位 NO_2 排放对 $PM_{2.5}$ 浓度贡献	单位颗粒物排放对 $PM_{2.5}$ 浓度贡献	行业敏感系数	归一化行业敏感系数	分级
衡水市电力	0.000 002 58	0.000 005 47	0.000 020 74	0.000 028 78	0.396 2	Ⅰ级
晋城市钢铁	0.000 005 20	0.000 003 10	0.000 020 13	0.000 028 43	0.389 6	Ⅰ级
焦作市平板玻璃	0.000 002 82	0.000 004 63	0.000 020 42	0.000 027 86	0.379 0	Ⅰ级
濮阳市钢铁	0.000 005 20	0.000 003 10	0.000 019 32	0.000 027 62	0.374 4	Ⅰ级
鹤壁市电力	0.000 002 47	0.000 004 42	0.000 020 70	0.000 027 59	0.373 9	Ⅰ级
邢台市工业锅炉	0.000 003 14	0.000 004 48	0.000 019 61	0.000 027 24	0.367 2	Ⅰ级
长治市工业锅炉	0.000 003 05	0.000 001 85	0.000 021 48	0.000 026 38	0.351 2	Ⅰ级
安阳市钢铁	0.000 005 20	0.000 003 10	0.000 017 48	0.000 025 78	0.339 9	Ⅱ级
沧州市工业锅炉	0.000 004 51	0.000 003 83	0.000 016 51	0.000 024 85	0.322 6	Ⅱ级
新乡市水泥	0.000 004 05	0.000 004 59	0.000 016 00	0.000 024 64	0.318 5	Ⅱ级
开封市钢铁	0.000 005 20	0.000 003 10	0.000 016 30	0.000 024 60	0.317 9	Ⅱ级
邢台市钢铁	0.000 005 20	0.000 003 10	0.000 015 08	0.000 023 38	0.295 0	Ⅱ级
鹤壁市水泥	0.000 003 27	0.000 003 95	0.000 016 03	0.000 023 24	0.292 5	Ⅱ级
开封市水泥	0.000 000 00	0.000 000 00	0.000 023 04	0.000 023 04	0.288 6	Ⅱ级
北京市电力	0.000 003 75	0.000 002 23	0.000 016 75	0.000 022 73	0.282 9	Ⅱ级
焦作市水泥	0.000 007 29	0.000 003 63	0.000 011 48	0.000 022 40	0.276 7	Ⅱ级
石家庄市钢铁	0.000 005 20	0.000 003 10	0.000 013 99	0.000 022 29	0.274 6	Ⅱ级
新乡市电力	0.000 002 31	0.000 004 52	0.000 015 45	0.000 022 29	0.274 5	Ⅱ级
焦作市电力	0.000 002 98	0.000 004 30	0.000 014 47	0.000 021 75	0.264 5	Ⅱ级
石家庄市工业锅炉	0.000 002 32	0.000 004 12	0.000 015 14	0.000 021 58	0.261 2	Ⅱ级
保定市钢铁	0.000 005 20	0.000 003 10	0.000 013 10	0.000 021 41	0.258 1	Ⅱ级
聊城市钢铁	0.000 005 20	0.000 003 10	0.000 013 00	0.000 021 31	0.256 1	Ⅱ级
保定市电力	0.000 001 73	0.000 003 40	0.000 016 09	0.000 021 22	0.254 5	Ⅱ级
天津市水泥	0.000 009 14	0.000 002 67	0.000 008 99	0.000 020 80	0.246 6	Ⅱ级
淄博市电力	0.000 002 53	0.000 001 93	0.000 016 16	0.000 020 61	0.243 1	Ⅱ级
济宁市钢铁	0.000 005 20	0.000 003 10	0.000 012 06	0.000 020 36	0.238 4	Ⅱ级
滨州市水泥	0.000 005 40	0.000 002 01	0.000 012 70	0.000 020 11	0.233 7	Ⅱ级
唐山市工业锅炉	0.000 004 01	0.000 002 08	0.000 013 86	0.000 019 94	0.230 6	Ⅱ级
廊坊市平板玻璃	0.000 005 01	0.000 003 29	0.000 011 61	0.000 019 91	0.230 0	Ⅱ级
太原市工业锅炉	0.000 002 79	0.000 001 81	0.000 015 29	0.000 019 89	0.229 7	Ⅱ级
天津市钢铁	0.000 003 74	0.000 002 01	0.000 014 02	0.000 019 77	0.227 4	Ⅱ级
焦作市钢铁	0.000 005 20	0.000 003 10	0.000 011 43	0.000 019 73	0.226 6	Ⅱ级
滨州市钢铁	0.000 005 20	0.000 003 10	0.000 011 19	0.000 019 50	0.222 3	Ⅱ级
阳泉市电力	0.000 002 34	0.000 001 94	0.000 015 05	0.000 019 33	0.219 1	Ⅱ级

污染源	单位 SO_2 排放对 $PM_{2.5}$ 浓度贡献	单位 NO_2 排放对 $PM_{2.5}$ 浓度贡献	单位颗粒物排放对 $PM_{2.5}$ 浓度贡献	行业敏感系数	归一化行业敏感系数	分级
晋城市工业锅炉	0.000 004 38	0.000 002 84	0.000 011 99	0.000 019 22	0.217 1	Ⅱ级
廊坊市钢铁	0.000 005 20	0.000 003 10	0.000 010 83	0.000 019 14	0.215 5	Ⅱ级
安阳市工业锅炉	0.000 001 67	0.000 003 50	0.000 013 81	0.000 018 97	0.212 5	Ⅱ级
焦作市工业锅炉	0.000 001 90	0.000 003 48	0.000 013 37	0.000 018 75	0.208 3	Ⅱ级
阳泉市水泥	0.000 003 89	0.000 002 02	0.000 012 28	0.000 018 19	0.197 7	Ⅱ级
安阳市电力	0.000 001 85	0.000 003 05	0.000 013 16	0.000 018 06	0.195 4	Ⅱ级
邯郸市工业锅炉	0.000 002 23	0.000 003 83	0.000 012 00	0.000 018 06	0.195 3	Ⅱ级
天津市工业锅炉	0.000 006 11	0.000 002 32	0.000 009 57	0.000 018 00	0.194 3	Ⅱ级
沧州市钢铁	0.000 004 40	0.000 001 30	0.000 012 13	0.000 017 83	0.191 1	Ⅱ级
保定市工业锅炉	0.000 002 32	0.000 003 74	0.000 011 61	0.000 017 67	0.188 1	Ⅱ级
邯郸市水泥	0.000 002 35	0.000 002 68	0.000 012 51	0.000 017 54	0.185 5	Ⅱ级
廊坊市电力	0.000 004 68	0.000 002 95	0.000 009 81	0.000 017 44	0.183 7	Ⅱ级
聊城市工业锅炉	0.000 002 03	0.000 003 89	0.000 011 38	0.000 017 31	0.181 2	Ⅱ级
郑州市工业锅炉	0.000 002 21	0.000 003 33	0.000 011 26	0.000 016 80	0.171 7	Ⅱ级
济南市钢铁	0.000 005 20	0.000 003 10	0.000 008 49	0.000 016 79	0.171 6	Ⅱ级
廊坊市工业锅炉	0.000 003 64	0.000 003 23	0.000 009 88	0.000 016 75	0.170 7	Ⅱ级
唐山市水泥	0.000 007 36	0.000 002 31	0.000 007 06	0.000 016 72	0.170 3	Ⅱ级
安阳市平板玻璃	0.000 001 68	0.000 002 89	0.000 012 06	0.000 016 64	0.168 7	Ⅱ级
邢台市水泥	0.000 003 68	0.000 003 07	0.000 009 79	0.000 016 54	0.166 8	Ⅱ级
开封市工业锅炉	0.000 001 57	0.000 003 93	0.000 010 74	0.000 016 25	0.161 4	Ⅱ级
沧州市水泥	0.000 000 00	0.000 000 00	0.000 016 16	0.000 016 16	0.159 8	Ⅱ级
德州市钢铁	0.000 005 20	0.000 003 10	0.000 007 71	0.000 016 01	0.157 0	Ⅱ级
晋城市水泥	0.000 003 72	0.000 002 26	0.000 009 69	0.000 015 67	0.150 6	Ⅱ级
石家庄市平板玻璃	0.000 001 89	0.000 003 62	0.000 010 14	0.000 015 65	0.150 3	Ⅱ级
邯郸市电力	0.000 002 01	0.000 002 69	0.000 010 76	0.000 015 46	0.146 6	Ⅱ级
沧州市平板玻璃	0.000 005 21	0.000 002 42	0.000 007 76	0.000 015 39	0.145 3	Ⅱ级
邢台市电力	0.000 002 76	0.000 002 93	0.000 009 38	0.000 015 07	0.139 3	Ⅱ级
晋城市电力	0.000 003 53	0.000 002 32	0.000 009 14	0.000 014 98	0.137 7	Ⅱ级
菏泽市工业锅炉	0.000 001 77	0.000 003 50	0.000 009 62	0.000 014 89	0.136 0	Ⅱ级
天津市电力	0.000 004 56	0.000 001 91	0.000 008 39	0.000 014 87	0.135 5	Ⅱ级
保定市水泥	0.000 005 74	0.000 002 28	0.000 006 81	0.000 014 83	0.134 8	Ⅱ级
淄博市平板玻璃	0.000 004 65	0.000 002 42	0.000 007 65	0.000 014 73	0.132 9	Ⅱ级
濮阳市电力	0.000 001 66	0.000 003 77	0.000 009 27	0.000 014 70	0.132 3	Ⅱ级
石家庄市电力	0.000 002 11	0.000 002 93	0.000 009 64	0.000 014 68	0.132 0	Ⅱ级

污染源	单位 SO_2 排放对 $PM_{2.5}$ 浓度贡献	单位 NO_2 排放对 $PM_{2.5}$ 浓度贡献	单位颗粒物排放对 $PM_{2.5}$ 浓度贡献	行业敏感系数	归一化行业敏感系数	分级
聊城市电力	0.000 001 78	0.000 003 36	0.000 009 42	0.000 014 57	0.129 9	Ⅱ级
邯郸市钢铁	0.000 005 20	0.000 003 10	0.000 006 11	0.000 014 41	0.126 9	Ⅱ级
德州市工业锅炉	0.000 001 92	0.000 003 21	0.000 009 23	0.000 014 36	0.126 1	Ⅱ级
唐山市平板玻璃	0.000 005 34	0.000 002 10	0.000 006 80	0.000 014 24	0.123 9	Ⅱ级
菏泽市电力	0.000 001 95	0.000 003 43	0.000 008 71	0.000 014 10	0.121 1	Ⅱ级
济南市工业锅炉	0.000 001 91	0.000 003 05	0.000 008 99	0.000 013 95	0.118 3	Ⅱ级
沧州市电力	0.000 003 71	0.000 002 62	0.000 007 41	0.000 013 74	0.114 4	Ⅱ级
太原市水泥	0.000 001 73	0.000 001 54	0.000 010 39	0.000 013 66	0.112 9	Ⅱ级
济南市水泥	0.000 002 15	0.000 004 55	0.000 006 93	0.000 013 62	0.112 2	Ⅱ级
滨州市电力	0.000 003 64	0.000 002 25	0.000 007 39	0.000 013 28	0.105 8	Ⅱ级
济宁市水泥	0.000 000 00	0.000 000 00	0.000 013 07	0.000 013 07	0.101 8	Ⅱ级
石家庄市水泥	0.000 002 34	0.000 002 33	0.000 008 24	0.000 012 90	0.098 7	Ⅲ级
济宁市工业锅炉	0.000 001 67	0.000 003 03	0.000 008 20	0.000 012 89	0.098 5	Ⅲ级
安阳市水泥	0.000 001 69	0.000 002 38	0.000 008 75	0.000 012 83	0.097 3	Ⅲ级
濮阳市水泥	0.000 000 00	0.000 000 00	0.000 012 66	0.000 012 66	0.094 1	Ⅲ级
德州市水泥	0.000 001 87	0.000 002 75	0.000 007 98	0.000 012 60	0.093 0	Ⅲ级
聊城市水泥	0.000 003 49	0.000 002 53	0.000 006 57	0.000 012 60	0.093 0	Ⅲ级
唐山市钢铁	0.000 003 00	0.000 001 15	0.000 008 38	0.000 012 53	0.091 7	Ⅲ级
郑州市电力	0.000 002 51	0.000 002 80	0.000 007 11	0.000 012 42	0.089 8	Ⅲ级
衡水市平板玻璃	0.000 000 00	0.000 000 00	0.000 012 13	0.000 012 13	0.084 3	Ⅲ级
济南市电力	0.000 001 54	0.000 002 63	0.000 007 90	0.000 012 07	0.083 1	Ⅲ级
德州市电力	0.000 002 31	0.000 002 61	0.000 007 01	0.000 011 93	0.080 5	Ⅲ级
开封市平板玻璃	0.000 002 31	0.000 002 51	0.000 006 88	0.000 011 70	0.076 2	Ⅲ级
北京市工业锅炉	0.000 002 01	0.000 002 11	0.000 007 54	0.000 011 65	0.075 3	Ⅲ级
唐山市电力	0.000 003 57	0.000 001 62	0.000 006 08	0.000 011 27	0.068 1	Ⅲ级
长治市水泥	0.000 002 38	0.000 001 64	0.000 006 96	0.000 010 98	0.062 7	Ⅲ级
济宁市电力	0.000 001 68	0.000 002 82	0.000 006 01	0.000 010 51	0.053 9	Ⅲ级
太原市电力	0.000 001 80	0.000 001 18	0.000 007 14	0.000 010 12	0.046 6	Ⅲ级
廊坊市水泥	0.000 000 00	0.000 000 00	0.000 009 94	0.000 009 94	0.043 3	Ⅲ级
长治市钢铁	0.000 005 20	0.000 003 10	0.000 001 58	0.000 009 89	0.042 2	Ⅲ级
天津市平板玻璃	0.000 000 00	0.000 000 00	0.000 008 72	0.000 008 72	0.020 4	Ⅲ级
北京市水泥	0.000 001 97	0.000 001 61	0.000 004 92	0.000 008 50	0.016 2	Ⅲ级
长治市电力	0.000 002 18	0.000 001 17	0.000 004 84	0.000 008 19	0.010 5	Ⅲ级
菏泽市水泥	0.000 000 00	0.000 000 00	0.000 007 86	0.000 007 86	0.004 3	Ⅲ级
长治市平板玻璃	0.000 001 65	0.000 001 18	0.000 004 80	0.000 007 63	0	Ⅲ级

6.3.3 制定重点行业分级管控排放绩效标准

根据区域重点行业排放标准和排污许可证申请与核发技术规范相关文件，确定各行业分解管控的大气污染物排放浓度、烟气量等，根据不同控制程度的排放浓度限值和烟气量分别计算二氧化硫、氮氧化物、颗粒物排放分级控制绩效，按照控制程度由高到低将约束级别分别设置为Ⅰ级、Ⅱ级、Ⅲ级（表 6-4～表 6-8）。

表 6-4 火电行业分级控制绩效标准 单位：g/（kW·h）

控制级别	燃料	污染物	绩效值
Ⅰ级	燃煤	颗粒物	0.035
		SO_2	0.12
		NO_x	0.18
	燃油	颗粒物	0.034
		SO_2	0.09
		NO_x	0.17
	燃气	颗粒物	0.025
		SO_2	0.175
		NO_x	0.25
Ⅱ级	燃煤	颗粒物	0.053
		SO_2	0.14
		NO_x	0.26
	燃油	颗粒物	0.034
		SO_2	0.09
		NO_x	0.17
	燃气	颗粒物	0.025
		SO_2	0.175
		NO_x	0.5
Ⅲ级	燃煤	颗粒物	0.07
		SO_2	0.175
		NO_x	0.35
	燃油	颗粒物	0.046
		SO_2	0.115
		NO_x	0.23
	燃气	颗粒物	0.025
		SO_2	0.175
		NO_x	0.5

表 6-5　钢铁行业分级控制绩效标准　　单位：kg/t

控制级别	环节	节点	污染物	绩效
Ⅰ级	钢铁烧结、球团	烧结机机头、球团竖炉（基准含氧量 16%）；链篦机回转窑、带式球团焙烧机（基准含氧量 18%）	颗粒物	0.028
			SO_2	0.099
			NO_x	0.142
		烧结机机尾、其他生产设备	颗粒物	0.013
		链篦机回转窑、带式球团焙烧机	颗粒物	0.025
			SO_2	0.087
			NO_x	0.124
	炼铁热风炉（高炉）	热风炉	颗粒物	0.013
			SO_2	0.065
			NO_x	0.26
		高炉出铁场	颗粒物	0.029
	炼钢	转炉二次烟气	颗粒物	0.016
		电炉	颗粒物	0.011
		铁水预处理（包括倒罐、扒渣等）、石灰窑、白云石窑焙烧	颗粒物	
	轧钢热处理炉	热处理炉	颗粒物	0.006
			SO_2	0.03
			NO_x	0.12
	焦化	机焦、半焦炉	颗粒物	0.014
			SO_2	0.042
			NO_x	0.21
		热回收焦炉	颗粒物	0.041
			SO_2	0.123
			NO_x	0.614
		装煤	颗粒物	0.003
			SO_2	
		推焦	颗粒物	0.007
			SO_2	
		干法熄焦	颗粒物	0.007
			SO_2	0.035

控制级别	环节	节点	污染物	绩效
II级	钢铁烧结、球团	烧结机机头	颗粒物	0.057
			SO_2	0.142
			NO_x	0.283
		烧结机机尾	颗粒物	0.026
		带式焙烧机机尾及其他生产设备	颗粒物	0.05
		球团竖炉	颗粒物	0.05
			SO_2	0.124
			NO_x	0.248
	炼铁热风炉（高炉）	热风炉	颗粒物	0.02
			SO_2	0.13
			NO_x	0.39
		高炉出铁场	颗粒物	0.044
	炼钢	转炉二次烟气	颗粒物	0.023
		电炉	颗粒物	0.017
		铁水预处理(包括倒罐、扒渣等)、精炼炉、连铸切割及火焰清理、石灰窑、白云石窑焙烧、钢渣处理、其他生产设施	颗粒物	
	轧钢热处理炉	热处理炉	颗粒物	0.009
			SO_2	0.09
			NO_x	0.18
	焦化	机焦、半焦炉	颗粒物	0.021
			SO_2	0.042
			NO_x	0.21
		热回收焦炉	颗粒物	0.061
			SO_2	0.123
			NO_x	0.614
		装煤	颗粒物	0.01
			SO_2	0.024
		推焦	颗粒物	0.02
			SO_2	0.047
		干法熄焦	颗粒物	0.021
			SO_2	0.056
		粗苯管式炉、半焦烘干和氨分解炉等燃用焦炉煤气的设施	颗粒物	0.001
			SO_2	0.003

控制级别	环节	节点	污染物	绩效
Ⅲ级	钢铁烧结、球团	烧结机机头	颗粒物	0.142
			SO_2	0.566
			NO_x	0.849
		烧结机机尾	颗粒物	0.039
		带式焙烧机机尾及其他生产设备	颗粒物	0.074
		球团	颗粒物	0.124
			SO_2	0.496
			NO_x	0.744
	炼铁热风炉（高炉）	热风炉	颗粒物	0.026
			SO_2	0.13
			NO_x	0.39
		原料、煤粉系统、高炉出铁场、其他设施	颗粒物	0.073
	炼钢	转炉二次烟气	颗粒物	0.031
		电炉	颗粒物	0.022
		铁水预处理（包括倒罐、扒渣等）、精炼炉、连铸切割及火焰清理、石灰窑、白云石窑焙烧、钢渣处理、其他生产设施	颗粒物	
	轧钢热处理炉	热处理炉	颗粒物	0.012
			SO_2	0.09
			NO_x	0.18
	焦化	机焦、半焦炉	颗粒物	0.042
			SO_2	0.07
			NO_x	0.7
		热回收焦炉	颗粒物	0.123
			SO_2	0.41
			NO_x	0.819
		装煤	颗粒物	0.017
			SO_2	0.034
		推焦	颗粒物	0.033
			SO_2	0.033
		干法熄焦	颗粒物	0.035
			SO_2	0.071
		粗苯管式炉、半焦烘干和氨分解炉等燃用焦炉煤气的设施	颗粒物	0.003
			SO_2	0.005

表 6-6 水泥行业分级控制绩效标准

单位：kg/t

控制级别	节点	污染物	绩效值
Ⅰ级	水泥窑及窑尾余热利用系统	颗粒物	0.025
		SO_2	0.075
		NO_x	0.25
	冷却机	颗粒物	0.018
		SO_2	0.09
		NO_x	0.27
	煤磨	颗粒物	0.005
		SO_2	0.023
		NO_x	0.069
Ⅱ级	水泥窑及窑尾余热利用系统	颗粒物	0.05
		SO_2	0.25
		NO_x	0.8
	冷却机	颗粒物	0.036
		SO_2	0.72
		NO_x	0.54
	煤磨	颗粒物	0.009
		SO_2	0.184
		NO_x	0.138
Ⅲ级	水泥窑及窑尾余热利用系统	颗粒物	0.075
		SO_2	0.5
		NO_x	1
	冷却机	颗粒物	0.054
		SO_2	1.08
		NO_x	0.72
	煤磨	颗粒物	0.014
		SO_2	0.276
		NO_x	0.184

表 6-7　平板玻璃行业分级控制绩效标准　　单位：kg/t

节点	污染物	绩效值		
		Ⅰ级	Ⅱ级	Ⅲ级
玻璃熔窑浮法玻璃日容量≤500 t 非煤气发生炉	颗粒物	0.044	0.088	0.221
	SO_2	0.221	0.441	1.764
	NO_x	0.882	1.764	3.087
浮法玻璃 500 t<日容量≤600 t 非煤气发生炉	颗粒物	0.042	0.084	0.211
	SO_2	0.211	0.422	1.688
	NO_x	0.844	1.688	2.954
浮法玻璃 600 t<日容量≤900 t 非煤气发生炉	颗粒物	0.041	0.082	0.204
	SO_2	0.204	0.408	1.632
	NO_x	0.816	1.632	2.856
浮法玻璃日容量>900 t 非煤气发生炉	颗粒物	0.032	0.064	0.16
	SO_2	0.16	0.32	1.28
	NO_x	0.64	1.28	2.24
玻璃熔窑浮法玻璃日容量≤500 t 煤气发生炉	颗粒物	0.05	0.099	0.248
	SO_2	0.248	0.495	1.98
	NO_x	0.99	1.98	3.465
浮法玻璃 500 t<日容量≤600 t 煤气发生炉	颗粒物	0.045	0.09	0.225
	SO_2	0.225	0.45	1.8
	NO_x	0.9	1.8	3.15
浮法玻璃 600 t<日容量≤900 t 煤气发生炉	颗粒物	0.043	0.085	0.213
	SO_2	0.213	0.425	1.7
	NO_x	0.85	1.7	2.975
浮法玻璃日容量>900 t 煤气发生炉	颗粒物	0.032	0.064	0.16
	SO_2	0.16	0.32	1.28
	NO_x	0.64	1.28	2.24
压延玻璃非煤气发生炉	颗粒物	0.044	0.088	0.22
	SO_2	0.22	0.439	1.758
	NO_x	0.879	1.758	3.076
压延玻璃煤气发生炉	颗粒物	0.046	0.091	0.228
	SO_2	0.228	0.455	1.82
	NO_x	0.91	1.82	3.185

表 6-8　锅炉分级控制绩效标准　　单位：kg/（t·h）

控制级别	燃料	污染物	绩效值
Ⅰ级	燃煤	颗粒物	0.015
		SO_2	0.053
		NO_x	0.075
	燃煤煤层燃炉、抛煤机炉供暖锅炉	NO_x	0
	燃油＜20 t/h 及≥20 t/h（NO_x 除外）	颗粒物	0.011
		SO_2	0.023
		NO_x	0.092
	燃油≥20 t/h	NO_x	0.057
	燃天然气及其他气体（NO_x 除外）	颗粒物	0.005
		SO_2	0.011
		NO_x	0.032
	燃其他气体	NO_x	0.105
	燃生物质成型燃料锅炉＜20 t/h	颗粒物	0.026
		SO_2	0.039
		NO_x	0.196
	燃生物质成型燃料锅炉≥20 t/h	颗粒物	0.013
		SO_2	0.039
		NO_x	0.105
Ⅱ级	燃煤	颗粒物	0.045
		SO_2	0.3
		NO_x	0.3
	燃油	颗粒物	0.034
		SO_2	0.115
		NO_x	0.229
	燃气	颗粒物	0.021
		SO_2	0.053
		NO_x	0.158
	燃生物质	颗粒物	0.039
		SO_2	0.261
		NO_x	0.261

控制级别	燃料	污染物	绩效值
Ⅲ级	燃煤	颗粒物	0.075
		SO_2	0.45
		NO_x	0.45
	燃油	颗粒物	0.034
		SO_2	0.229
		NO_x	0.286
	燃气	颗粒物	0.021
		SO_2	0.053
		NO_x	0.21
	燃生物质	颗粒物	0.065
		SO_2	0.392
		NO_x	0.392

6.3.4　选取绩效值

根据 6.3.2 节和 6.3.3 节，对照“2+26”城市的污染源分级结果和重点行业分级管控排放绩效体系，对应选取各城市各行业应当执行的排放绩效标准。

6.3.5　核定许可排放量

按照 6.3.4 节选取的“2+26”城市各重点行业分级管控的绩效值，采用绩效值法核算各排污单位许可排放量限值。重点行业企事业单位许可排放量限值的基本表达式如下：

$$E=\sum_{i=1}^{n}E_i$$

式中：E——企业的大气污染物许可排放量，t；

E_i——企业中第 i 台设备的大气污染物许可排放量，t。

$$E_i=P_i\times \mathrm{GPS}_i \text{ 或 } E_i=M_i\times pf_i$$

式中：E_i——第 i 台设备的大气污染物许可排放量；

P_i——第 i 台设备的设计产能；

GPS_i——第 i 台设备的排放绩效值；

M_i——第 i 台设备的原燃料消耗量；

pf_i——第 i 台设备单位原料或燃料的大气污染物排放强度。

6.4 许可排放量核定方案

6.4.1 火电行业

火电机组的二氧化硫、氮氧化物和颗粒物许可排放量限值根据火电机组装机容量采用绩效方法核定。平均发电小时数原则上按 5 500 h 取值。计算公式为：

$$M_i = (\mathrm{CAP}_i \times 5\,500 + D_i / 1\,000) \times \mathrm{GPS}_i \times 10^{-3}$$

式中：M_i——第 i 台机组大气污染物许可排放量，t；

CAP_i——第 i 台机组的装机容量，MW；

GPS_i——第 i 台机组允许的排放绩效值，g/（kW·h）。

热电联产机组的供热部分折算成发电量，用等效发电量表示。计算公式为：

$$D_i = H_i \times 0.278 \times 0.3$$

式中：D_i——第 i 台机组供热量折算的等效发电量，kW·h；

H_i——第 i 台机组的设计供热能力，MJ。

根据各城市重点行业的分级结果选取绩效值。京津冀及周边地区 28 个城市中，有 3 个城市应采取 I 级绩效指标，实施 I 级控制，分别是开封市、衡水市和鹤壁市（表 6-9）；有 18 个城市应采取 II 级绩效指标，实施 II 级控制，分别是北京市、新乡市、焦作市、保定市、淄博市、阳泉市、安阳市、廊坊市、邯郸市、邢台市、晋城市、天津市、濮阳市、石家庄市、聊城市、菏泽市、沧州市、滨州市（表 6-10）；有 7 个城市应采取III级绩效指标，实施III级控制，分别是郑州市、济南市、德州市、唐山市、济宁市、太原市、长治市（表 6-11）。

表 6-9　火电行业 I 级控制绩效值及城市

控制级别	燃料	污染物	绩效值/[g/（kW·h）]	城市
I 级	燃煤	颗粒物	0.035	开封市、衡水市、鹤壁市
		SO_2	0.120	
		NO_x	0.180	
	燃油	颗粒物	0.034	
		SO_2	0.090	
		NO_x	0.170	
	燃气	颗粒物	0.025	
		SO_2	0.175	
		NO_x	0.250	

表 6-10　火电行业 II 级控制绩效值及城市

控制级别	燃料	污染物	绩效值/[g/（kW·h）]	城市
II 级	燃煤	颗粒物	0.053	北京市、新乡市、焦作市、保定市、淄博市、阳泉市、安阳市、廊坊市、邯郸市、邢台市、晋城市、天津市、濮阳市、石家庄市、聊城市、菏泽市、沧州市、滨州市
		SO_2	0.140	
		NO_x	0.260	
	燃油	颗粒物	0.034	
		SO_2	0.090	
		NO_x	0.170	
	燃气	颗粒物	0.025	
		SO_2	0.175	
		NO_x	0.500	

表 6-11　火电行业 III 级控制绩效值及城市

控制级别	燃料	污染物	绩效值/[g/（kW·h）]	城市
III级	燃煤	颗粒物	0.070	郑州市、济南市、德州市、唐山市、济宁市、太原市、长治市
		SO_2	0.175	
		NO_x	0.350	
	燃油	颗粒物	0.046	
		SO_2	0.115	
		NO_x	0.230	
	燃气	颗粒物	0.025	
		SO_2	0.175	
		NO_x	0.500	

6.4.2 钢铁行业

钢铁企业的二氧化硫、氮氧化物、颗粒物许可排放量限值，根据生产能力，采用绩效方法核定，计算公式为：

$$M_i = \text{GPS}_i \times P_i / 1\,000$$

式中：M_i——生产线第 i 台设备的大气污染物许可排放量，t；

P_i——第 i 台设备的设计年产量，t 产品/a；

GPS_i——第 i 台设备的排放绩效值，kg/t 产品。

根据各城市重点行业的分级结果选取绩效值。京津冀及周边地区 28 个城市中，除北京、菏泽、鹤壁、衡水、阳泉、郑州这 6 个没有钢铁企业的城市外，其余 22 个城市，有 5 个城市应采取 I 级绩效指标，实施 I 级控制，分别是太原市、淄博市、新乡市、晋城市和濮阳市（表 6-12）；有 15 个城市应采取 II 级绩效指标，实施 II 级控制，分别是安阳市、开封市、邢台市、石家庄市、保定市、聊城市、济宁市、天津市、焦作市、滨州市、廊坊市、沧州市、济南市、德州市和邯郸市（表 6-13）；有 2 个城市应采取 III 级绩效指标，实施 III 级控制，分别是唐山市和长治市（表 6-14）。

表 6-12 钢铁行业 I 级控制绩效值及城市

<table>
<tr><th>控制级别</th><th>环节</th><th>节点</th><th>污染物</th><th>绩效/（kg/t 产品）</th><th>城市</th></tr>
<tr><td rowspan="11">I 级</td><td rowspan="7">钢铁烧结、球团</td><td rowspan="3">烧结机机头、球团竖炉（基准含氧量 16%）；链篦机回转窑、带式球团焙烧机（基准含氧量 18%）</td><td>颗粒物</td><td>0.028</td><td rowspan="11">太原市、淄博市、新乡市、晋城市、濮阳市</td></tr>
<tr><td>SO_2</td><td>0.099</td></tr>
<tr><td>NO_x</td><td>0.142</td></tr>
<tr><td>烧结机机尾、其他生产设备</td><td>颗粒物</td><td>0.013</td></tr>
<tr><td rowspan="3">链篦机回转窑、带式球团焙烧机</td><td>颗粒物</td><td>0.025</td></tr>
<tr><td>SO_2</td><td>0.087</td></tr>
<tr><td>NO_x</td><td>0.124</td></tr>
<tr><td rowspan="4">炼铁热风炉（高炉）</td><td rowspan="3">热风炉</td><td>颗粒物</td><td>0.013</td></tr>
<tr><td>SO_2</td><td>0.065</td></tr>
<tr><td>NO_x</td><td>0.260</td></tr>
<tr><td>高炉出铁场</td><td>颗粒物</td><td>0.029</td></tr>
</table>

控制级别	环节	节点	污染物	绩效/（kg/t 产品）	城市
Ⅰ级	炼钢	转炉二次烟气	颗粒物	0.016	
		电炉	颗粒物	0.011	
		铁水预处理（包括倒罐、扒渣等）、石灰窑、白云石窑焙烧	颗粒物		
	轧钢热处理炉	热处理炉	颗粒物	0.006	
			SO_2	0.030	
			NO_x	0.120	
	焦化	机焦、半焦炉	颗粒物	0.014	
			SO_2	0.042	
			NO_x	0.210	
		热回收焦炉	颗粒物	0.041	
			SO_2	0.123	
			NO_x	0.614	
		装煤	颗粒物	0.003	
			SO_2		
		推焦	颗粒物	0.007	
			SO_2		
		干法熄焦	颗粒物	0.007	
			SO_2	0.035	

表 6-13　钢铁行业Ⅱ级控制绩效值及城市

控制级别	环节	节点	污染物	绩效（kg/t 产品）	城市
Ⅱ级	钢铁烧结、球团	烧结机机头	颗粒物	0.057	安阳市、开封市、邢台市、石家庄市、保定市、聊城市、济宁市、天津市、焦作市、滨州市、廊坊市、沧州市、济南市、德州市、邯郸市
			SO_2	0.142	
			NO_x	0.283	
		烧结机机尾	颗粒物	0.026	
		带式焙烧机机尾及其他生产设备	颗粒物	0.050	
		球团竖炉	颗粒物	0.050	
			SO_2	0.124	
			NO_x	0.248	

控制级别	环节	节点	污染物	绩效（kg/t 产品）	城市
II级	炼铁热风炉（高炉）	热风炉	颗粒物	0.020	
			SO_2	0.130	
			NO_x	0.390	
		高炉出铁场	颗粒物	0.044	
	炼钢	转炉二次烟气	颗粒物	0.023	
		电炉	颗粒物	0.017	
		铁水预处理（包括倒罐、扒渣等）、精炼炉、连铸切割及火焰清理、石灰窑、白云石窑焙烧、钢渣处理、其他生产设施	颗粒物		
	轧钢热处理炉	热处理炉	颗粒物	0.009	
			SO_2	0.090	
			NO_x	0.180	
	焦化	机焦、半焦炉	颗粒物	0.021	
			SO_2	0.042	
			NO_x	0.210	
		热回收焦炉	颗粒物	0.061	
			SO_2	0.123	
			NO_x	0.614	
		装煤	颗粒物	0.010	
			SO_2	0.024	
		推焦	颗粒物	0.020	
			SO_2	0.047	
		干法熄焦	颗粒物	0.021	
			SO_2	0.056	
		粗苯管式炉、半焦烘干和氨分解炉等燃用焦炉煤气的设施	颗粒物	0.001	
			SO_2	0.003	

表 6-14　铁行业Ⅲ级控制绩效值及城市

控制级别	环节	节点	污染物	绩效/（kg/t 品）	城市
Ⅲ级	钢铁烧结、球团	烧结机机头	颗粒物	0.142	唐山市、长治市
			SO_2	0.566	
			NO_x	0.849	
		烧结机机尾	颗粒物	0.039	
		带式焙烧机机尾及其他生产设备	颗粒物	0.074	
		球团	颗粒物	0.124	
			SO_2	0.496	
			NO_x	0.744	
	炼铁热风炉（高炉）	热风炉	颗粒物	0.026	
			SO_2	0.130	
			NO_x	0.390	
		原料、煤粉系统、高炉出铁场、其他设施	颗粒物	0.073	
	炼钢	转炉二次烟气	颗粒物	0.031	
		电炉	颗粒物	0.022	
		铁水预处理（包括倒罐、扒渣等）、精炼炉、连铸切割及火焰清理、石灰窑、白云石窑焙烧、钢渣处理、其他生产设施	颗粒物		
	轧钢热处理炉	热处理炉	颗粒物	0.012	
			SO_2	0.090	
			NO_x	0.180	
	焦化	机焦、半焦炉	颗粒物	0.042	
			SO_2	0.070	
			NO_x	0.700	
		热回收焦炉	颗粒物	0.123	
			SO_2	0.410	
			NO_x	0.819	
		装煤	颗粒物	0.017	
			SO_2	0.034	
		推焦	颗粒物	0.033	
			SO_2	0.033	
		干法熄焦	颗粒物	0.035	
			SO_2	0.071	
		粗苯管式炉、半焦烘干和氨分解炉等燃用焦炉煤气的设施	颗粒物	0.003	
			SO_2	0.005	

6.4.3 水泥行业

水泥企业的二氧化硫和氮氧化物许可排放量，根据企业熟料生产能力，采用绩效方法核定，计算公式为：

$$M_i = \text{GPS}_i \times P_i / 1\,000$$

式中：M_i——第 i 条熟料窑的大气污染物许可排放量，t；

P_i——第 i 台熟料窑的设计年产量，t 熟料/a；

GPS_i——第 i 台熟料窑的排放绩效值，kg/t 熟料。

根据各城市重点行业的分级结果选取绩效值。京津冀及周边地区 28 个城市中，有 3 个城市应采取 I 级绩效指标，实施 I 级控制，分别是衡水市、淄博市和郑州市（表 6-15）；有 16 个城市应采取 II 级绩效指标，实施 II 级控制，分别是新乡市、鹤壁市、开封市、焦作市、天津市、滨州市、阳泉市、邯郸市、唐山市、邢台市、沧州市、晋城市、保定市、太原市、济南市和济宁市（表 6-16）；有 9 个城市应采取III级绩效指标，实施III级控制，分别是石家庄市、安阳市、濮阳市、德州市、聊城市、长治市、廊坊市、北京市和菏泽市（表 6-17）。

表 6-15 水泥行业 I 级控制绩效值及城市

控制级别	节点	污染物	绩效值/（kg/t 产品）	城市
I 级	水泥窑及窑尾余热利用系统	颗粒物	0.025	衡水市、淄博市、郑州市
		SO_2	0.075	
		NO_x	0.250	
	冷却机	颗粒物	0.018	
		SO_2	0.090	
		NO_x	0.270	
	煤磨	颗粒物	0.005	
		SO_2	0.023	
		NO_x	0.069	

表 6-16　水泥行业Ⅱ级控制绩效值及城市

控制级别	节点	污染物	绩效值/（kg/t 产品）	城市
Ⅱ级	水泥窑及窑尾余热利用系统	颗粒物	0.050	新乡市、鹤壁市、开封市、焦作市、天津市、滨州市、阳泉市、邯郸市、唐山市、邢台市、沧州市、晋城市、保定市、太原市、济南市、济宁市
		SO_2	0.250	
		NO_x	0.800	
	冷却机	颗粒物	0.036	
		SO_2	0.720	
		NO_x	0.540	
	煤磨	颗粒物	0.009	
		SO_2	0.184	
		NO_x	0.138	

表 6-17　水泥行业Ⅲ级控制绩效值及城市

控制级别	节点	污染物	绩效值/（kg/t 产品）	城市
Ⅲ级	水泥窑及窑尾余热利用系统	颗粒物	0.075	石家庄市、安阳市、濮阳市、德州市、聊城市、长治市、廊坊市、北京市、菏泽市
		SO_2	0.500	
		NO_x	1.000	
	冷却机	颗粒物	0.054	
		SO_2	1.080	
		NO_x	0.720	
	煤磨	颗粒物	0.014	
		SO_2	0.276	
		NO_x	0.184	

6.4.4　锅炉

锅炉的二氧化硫、氮氧化物、颗粒物许可排放量限值，根据锅炉规模，采用绩效方法核定。锅炉年运行小时数，各城市可根据实际情况取值。

计算公式为：

$$M_i = \mathrm{GAP}_i \times H_i \times \mathrm{GPS}_i \times 10^{-3}$$

式中：M_i——第 i 台锅炉大气污染物许可排放量，t；

GAP_i——第 i 台锅炉的容量，t/h 或 MW；

H_i——第 i 台锅炉的年平均运行小时数；

GPS_i——第 i 台锅炉允许的排放绩效值，kg/（t·h）或 kg/（MW·h）。

根据各城市重点行业的分级结果绩选取效值。京津冀及周边地区 28 个城市中，有 9 个城市应采取Ⅰ级绩效指标，实施Ⅰ级控制，分别是衡水市、鹤壁市、滨州市、阳泉市、濮阳市、淄博市、新乡市、邢台市和长治市（表 6-18）；有 17 个城市应采取Ⅱ级绩效指标，实施Ⅱ级控制，分别是沧州市、石家庄市、唐山市、太原市、晋城市、安阳市、焦作市、邯郸市、天津市、保定市、聊城市、郑州市、廊坊市、开封市、菏泽市、德州市和济南市（表 6-19）；有 2 个城市应采取Ⅲ级绩效指标，实施Ⅲ级控制，分别是济宁市和北京市（表 6-20）。

表 6-18　工业锅炉Ⅰ级控制绩效值及城市

控制级别	燃料	污染物	绩效值/（kg/t 产品）	城市
Ⅰ级	燃煤	颗粒物	0.015	衡水市、鹤壁市、滨州市、阳泉市、濮阳市、淄博市、新乡市、邢台市、长治市
		SO_2	0.053	
		NO_x	0.075	
	燃煤煤层燃炉、抛煤机炉供暖锅炉	NO_x	0.000	
	燃油＜20 t/h 及≥20 t/h（NO_x 除外）	颗粒物	0.011	
		SO_2	0.023	
		NO_x	0.092	
	燃油≥20 t/h	NO_x	0.057	
	燃天然气及其他气体（NO_x 除外）	颗粒物	0.005	
		SO_2	0.011	
		NO_x	0.032	
	燃其他气体	NO_x	0.105	
	燃生物质成型燃料锅炉＜20 t/h	颗粒物	0.026	
		SO_2	0.039	
		NO_x	0.196	
	燃生物质成型燃料锅炉≥20 t/h	颗粒物	0.013	
		SO_2	0.039	
		NO_x	0.105	

表 6-19　工业锅炉Ⅱ级控制绩效值及城市

控制级别	燃料	污染物	绩效值/（kg/t 产品）	城市
Ⅱ级	燃煤	颗粒物	0.045	沧州市、石家庄市、唐山市、太原市、晋城市、安阳市、焦作市、邯郸市、天津市、保定市、聊城市、郑州市、廊坊市、开封市、菏泽市、德州市、济南市
		SO_2	0.300	
		NO_x	0.300	
	燃油	颗粒物	0.034	
		SO_2	0.115	
		NO_x	0.229	
	燃气	颗粒物	0.021	
		SO_2	0.053	
		NO_x	0.158	
	燃生物质	颗粒物	0.039	
		SO_2	0.261	
		NO_x	0.261	

表 6-20　工业锅炉Ⅲ级控制绩效值及城市

控制级别	燃料	污染物	绩效值/（kg/t 产品）	城市
Ⅲ级	燃煤	颗粒物	0.075	济宁市、北京市
		SO_2	0.450	
		NO_x	0.450	
	燃油	颗粒物	0.034	
		SO_2	0.229	
		NO_x	0.286	
	燃气	颗粒物	0.021	
		SO_2	0.053	
		NO_x	0.210	
	燃生物质	颗粒物	0.065	
		SO_2	0.392	
		NO_x	0.392	

6.4.5　平板玻璃行业

平板玻璃企业的二氧化硫、氮氧化物、颗粒物许可排放量限值，根据生产能力，采用绩效方法核定，计算公式为：

$$M_i = \mathrm{GPS}_i \times P_i / 1\,000$$

式中：M_i——第 i 条玻璃生产线的大气污染物许可排放量，t；

P_i——第 i 台玻璃生产线的设计年产量，重量箱/a；

GPS_i——第 i 台玻璃生产线的排放绩效值，kg/重量箱。

根据各城市重点行业的分级结果选取绩效值。京津冀及周边地区 28 个城市中，有 14 个城市没有平板玻璃企业，其余 14 个城市有 4 个城市应采取 I 级绩效指标，实施 I 级控制，分别是邯郸市、邢台市、菏泽市、焦作市（表 6-21）；有 6 个城市应采取 II 级绩效指标，实施 II 级控制，分别是廊坊市、安阳市、石家庄市、沧州市、淄博市、唐山市（表 6-22）；有 4 个城市应采取III级绩效指标，实施III级控制，分别是衡水市、开封市、天津市、长治市（表 6-23）。

表 6-21 平板玻璃行业 I 级控制绩效值及城市

控制级别	工艺	污染物	绩效值		城市
			非煤气发生炉	煤气发生炉	
I 级	玻璃熔窑浮法玻璃日容量≤500 t	颗粒物	0.044	0.050	邯郸市、邢台市、菏泽市、焦作市
		SO_2	0.221	0.248	
		NO_x	0.882	0.990	
	浮法玻璃 500 t＜日容量≤600 t	颗粒物	0.042	0.045	
		SO_2	0.211	0.225	
		NO_x	0.844	0.900	
	浮法玻璃 600 t＜日容量≤900 t	颗粒物	0.041	0.043	
		SO_2	0.204	0.213	
		NO_x	0.816	0.850	
	浮法玻璃日容量＞900 t	颗粒物	0.032	0.032	
		SO_2	0.160	0.160	
		NO_x	0.640	0.640	
	压延玻璃	颗粒物	0.044	0.046	
		SO_2	0.220	0.228	
		NO_x	0.879	0.910	

表 6-22　平板玻璃行业 II 级控制绩效值及城市

控制级别	工艺	污染物	绩效值		城市
			非煤气发生炉	煤气发生炉	
II 级	玻璃熔窑浮法玻璃日容量≤500 t	颗粒物	0.088	0.099	廊坊市、安阳市、石家庄市、沧州市、淄博市、唐山市
		SO_2	0.441	0.495	
		NO_x	1.764	1.980	
	浮法玻璃 500 t＜日容量≤600 t	颗粒物	0.084	0.090	
		SO_2	0.422	0.450	
		NO_x	1.688	1.800	
	浮法玻璃 600 t＜日容量≤900 t	颗粒物	0.082	0.085	
		SO_2	0.408	0.425	
		NO_x	1.632	1.700	
	浮法玻璃日容量＞900 t	颗粒物	0.064	0.064	
		SO_2	0.320	0.320	
		NO_x	1.280	1.280	
	压延玻璃	颗粒物	0.088	0.091	
		SO_2	0.439	0.455	
		NO_x	1.758	1.820	

表 6-23　平板玻璃行业 III 级控制绩效值及城市

控制级别	工艺	污染物	绩效值		城市
			非煤气发生炉	煤气发生炉	
III级	玻璃熔窑浮法玻璃日容量≤500 t	颗粒物	0.221	0.248	衡水市、开封市、天津市、长治市
		SO_2	1.764	1.980	
		NO_x	3.087	3.465	
	浮法玻璃 500 t＜日容量≤600 t	颗粒物	0.211	0.225	
		SO_2	1.688	1.800	
		NO_x	2.954	3.150	
	浮法玻璃 600 t＜日容量≤900 t	颗粒物	0.204	0.213	
		SO_2	1.632	1.700	
		NO_x	2.856	2.975	
	浮法玻璃日容量＞900 t	颗粒物	0.160	0.160	
		SO_2	1.280	1.280	
		NO_x	2.240	2.240	
	压延玻璃	颗粒物	0.220	0.228	
		SO_2	1.758	1.820	
		NO_x	3.076	3.185	

参考文献

[1] 王占山，李晓倩，王宗爽，等．空气质量模型 CMAQ 的国内外研究现状[J]．环境科学与技术，2013，36（S1）：386-391.

[2] 薛文博，王金南，杨金田，等．国内外空气质量模型研究进展[J]．环境与可持续发展，2013，38（3）：14-20.

[3] 张兵．空气质量模型的研究与应用[D]．北京：中国地质大学（北京），2017.

[4] Chemel C，Sokhi R S，Yu Y，et al. Evaluation of a CMAQ simulation at high resolution over the UK for the calendar year 2003[J]. Atmos Environ，2010，44（24）：2927-2939.

[5] 谭成好，陈昕，赵天良，等．空气质量数值模型的构建及应用研究进展[J]．环境监控与预警，2014，6（6）：1-7.

[6] 吴小芳．基于区域多尺度空气质量模型对杭州市大气污染的模式研究[D]．杭州：浙江大学，2014.

[7] Byun D，Schere K L. Review of the governing equations，computational algorithms，and other components of the models-3 Community Multiscale Air Quality（CMAQ）modeling system[J]. ApMRv，2006，59（1-6）：51-77.

[8] Tesche T W，Morris R，Tonnesen G，et al. CMAQ/CAMx annual 2002 performance evaluation over the eastern US[J]. Atmos Environ，2006，40（26）：4906-4919.

[9] Syrakov D，Prodanova M，Georgieva E，et al. Simulation of European air quality by WRF-CMAQ models using AQMEII-2 infrastructure[J]. JCoAM，2016，293：232-245.

[10] Nguyen G T H，Shimadera H，Uranishi K，et al. Numerical assessment of $PM_{2.5}$ and O_3 air quality in continental Southeast Asia：Baseline simulation and aerosol direct effects investigation[J]. Atmos Environ，2019，219：15.

[11] 王书肖，陈瑶晟，许嘉钰，等．北京市燃煤的空气质量影响及其控制研究[J]．环境工程学报，2010，4（1）：151-158.

[12] Xing J，Wang S X，Chatani S，et al. Projections of air pollutant emissions and its impacts on regional air quality in China in 2020[J]. Atmos Chem Phys，2011，11（7）：3119-3136.

[13] 夏京，葛鹏，刘良冬，等. 江苏省常州市大气污染气象贡献及人为影响分析[J]. 污染防治技术，2019，32（6）：32-37.

[14] 邢佳. 大气污染排放与环境效应的非线性响应关系研究[D]. 北京：清华大学，2011.

[15] 劳苑雯. 基于 RSM 的区域大气污染控制辅助决策工具研发[D]. 广州：华南理工大学，2012.

[16] 龙世程. 多区域大气污染控制响应曲面模型的改进与应用[D]. 广州：华南理工大学，2015.

[17] 马杰. 多目标区域大气污染控制情景分析工具开发[D]. 广州：华南理工大学，2013.

[18] Zhu Y，Lao Y W，Jang C，et al. Development and case study of a science-based software platform to support policy making on air quality[J]. Environ Sci，2015，27：97-107.

[19] Xing J，Wang S X，Zhao B，et al. Quantifying Nonlinear Multiregional Contributions to Ozone and Fine Particles Using an Updated Response Surface Modeling Technique[J]. Environ Sci Technol，2017，51（20）：11788-11798.

[20] 赵斌. 细颗粒物化学组成及其对前体物排放响应的数值模拟研究[D]. 北京：清华大学，2015.

[21] Wang H，Zhu Y，Jang C，et al. Design and demonstration of a next-generation air quality attainment assessment system for $PM_{2.5}$ and O_3[J]. Environ Sci，2015，29：178-188.

[22] 王华. 环境空气质量标准达标评估工具研发及应用研究[D]. 广州：华南理工大学，2014.

[23] 乔晓楠，段小刚. 总量控制、区际排污指标分配与经济绩效[J]. 经济研究，2012，47（10）：121-133.

[24] 朱法华，薛人杰，朱庚富，等. 利用排放绩效分配电力行业 SO_2 排放配额的研究[J]. 中国电力，2003（12）：79-82.

[25] 许艳玲，杨金田，蒋春来，等. 排放绩效在火电行业大气污染物排放总量分配中的应用[J]. 安全与环境学报，2013，13（6）：108-111.

[26] Burtraw D，S. J. Szambelan. U. S. Emissions trading markets for SO_2 and NO_x[J]. Social Science Electronic Publishing，2009.

[27] Gabriel C，Robert S，Robert S，et al. The SO_2 allowance trading system and the Clean Air Act

Amendments of 1990：reflections on twenty years of policy innovation[J]. Social Science Electronic Publishing，2012，65（2）：419-452.

[28] 周琪，许津铭，刘苗苗，等．我国环境费效分析方法的特点与应用潜力研究[J]．中国环境管理，2018，10（1）：20-24.

[29] 张泽宸．深圳市大气细颗粒物污染控制措施的成本效益分析[D]．北京：清华大学，2017.

[30] 唐成．基于全成本的煤电企业成本效益分析[D]．北京：华北电力大学，2013.

[31] 邱雪珍．顺德区 2015 年大气污染防治实施方案编制及费效评估[D]．广州：华南理工大学，2015.

[32] Amann M，Bertok I，Borken-Kleefeld J，et al. Cost-effective control of air quality and greenhouse gases in Europe：Modeling and policy applications[J]. Environ Modell Softw，2011，26（12）：1489-1501.

[33] Kainuma M，Matsuoka Y，Morita T，Development of Asia-Pacific integrated model for analyzing policy options to cope with global warming[M]. Kidlington：Pergamon-Elsevier Science Ltd，2002：121-126.

[34] Loughlin D H，Macpherson A J，Kaufman K R，et al. Marginal abatement cost curve for nitrogen oxides incorporating controls，renewable electricity，energy efficiency，and fuel switching[J]. Air Waste Manage Assoc，2017，67（10）：1115-1125.

[35] Sun J，Schreifels J，Wang J，et al. Cost estimate of multi-pollutant abatement from the power sector in the Yangtze River Delta region of China[J]. Energy Policy，2014，69：478-488.

[36] Zhang F F，Xing J，Zhou Y，et al. Estimation of abatement potentials and costs of air pollution emissions in China[J]. Environ Manage，2020，260：110069.

[37] Voorhees A S，Fann N，Fulcher C，et al. Climate Change-Related Temperature Impacts on Warm Season Heat Mortality：A Proof-of-Concept Methodology Using BenMAP[J]. Environ Sci Technol，2011，45（4）：1450-1457.

[38] Fann N，Baker K R，Chan E A W，et al. Assessing Human Health $PM_{2.5}$ and Ozone Impacts from US Oil and Natural Gas Sector Emissions in 2025[J]. Environ Sci Technol，2018，52（15）：8095-8103.

[39] Viana M，Fann N，Tobías A，et al. Environmental and Health Benefits from Designating the Marmara Sea and the Turkish Straits as an Emission Control Area（ECA）[J]. Environ Sci

Technol，2015，49（6）：3304-3313.

[40] 汪俊．长三角地区多部门多种大气污染物协同减排方案研究[D]．北京：清华大学，2014.

[41] Chen L，Bai Z P. Response to comment on “Assessment of population exposure to $PM_{2.5}$ for mortality in China and its public health benefit based on BenMAP” [J]. Environ Pollut，2017，231：1212-1212.

[42] 李嘉宾．基于融合空气质量模拟与监测数据的颗粒物污染控制健康效益评估[D]．广州：华南理工大学，2019.

[43] 刘通浩．中国电力行业 NO_x 排放控制成本效益分析[D]．北京：清华大学，2012.

[44] 解男男．机器学习方法在入侵检测中的应用研究[D]．长春：吉林大学，2015.

[45] Holland J H. Adaptation in natural and artificial systems：an introductory analysis with applications to biology，control，and artificial intelligence[J]. University of Michigan Press，USA，1975，49（5）：1880-1902.

[46] 马小姝．多目标优化的遗传算法研究[D]．西安：西安电子科技大学，2010.

[47] Grefenstette J J. Optimization of control parameters for genetic algorithms[J]. IEEE Trans Syst Man Cybern，1986，SMC-16（1）：122-128.

[48] Goldberg D E，Richardson J. Genetic algorithms with sharing for multimodal function optimization[J]. Genetic Algorithms and their Applications：Proceedings of the Second International Conference on Genetic Algorithms，1987：41-49.

[49] Goldberg D E，Smith R E. Nonstationary function optimization using genetic algorithms with dominance and diploidy[J]. Genetic Algorithms and their Applications：Proceedings of the Second International Conference on Genetic Algorithms，1987：59-68.

[50] Goldberg D E. Genetic Algorithm in Search，Optimization，and Machine Learning[M]. Addison-Wesley Pub. Co，1989.

[51] Booker L B，Goldberg D E，Holland J H. Classifier systems and genetic algorithms[J]. Artif Intell，1989，40（1-3）：235-282.

[52] Davie L D. Handbook of Genetic Algorithm[M]. New York：Van Nostrand Reinhold，1991：345-248.

[53] Koza J R，Rice J P. Automatic programming of robots using genetic programming[C]. AAAI-92. Proceedings Tenth National Conference on Artificial Intelligence，1992：194-201.

[54] Reeves C R A. Genetic algorithm for flowshop sequencing[J]. Computers & Operations Research，1995，22（1）：5-13.

[55] 赵改善．求解非线性最优化问题的遗传算法[J]．地球物理学进展，1992（1）：90-97.

[56] 方建安，邵世煌．采用遗传算法学习的神经网络控制器[J]．控制与决策，1993（3）：208-212.

[57] Loughlin D H，Ranjithan S R，Baugh J W，et al. Application of genetic algorithms for the design of ozone control strategies[J]. Air Waste Manage Assoc，2000，50（6）：1050-1063.

[58] Reis S，Nitter S，Friedrich R. Innovative approaches in integrated assessment modelling of European air pollution control strategies-Implications of dealing with multi-pollutant multi-effect problems[J]. Environ Modell Softw，2005，20（12）：1524-1531.

[59] 王芳，程水源，李明君，等．遗传算法优化神经网络用于大气污染预报[J]．北京工业大学学报，2009，35（9）：1230-1234.

[60] 阳其凯，张贵强，张竞铭．基于遗传算法与 BP 神经网络的 $PM_{2.5}$ 发生演化模型[J]．计算机与现代化，2014（3）：15-18，7.